改訂版

公共土木工事 工期設定の考え方

監修　国土交通省大臣官房技術調査課
編著　建設システム研究会

一般財団法人　建設物価調査会

まえがき

建設工事において品質，費用，工期・工程は重要な管理項目です。しかし，国土交通省の積算体系は目的物の出来高を基本として，工期の要素を工種およびその規模に含めています。また，工程は受注者の裁量事項としています。このため，発注者において事業全体の進捗や，目的物の品質，費用程に，工期・工程への関心が払われて来なかった面があります。しかし，新３Ｋ（給料が良い，休暇が取れる，希望が持てる）の建設産業を実現し，これからの担い手を確保することが喫緊の重要課題になっている今日，今まで以上に工期設定に関心を払うことが必要になっています。

発注者が工期を決める要素としては，①地元合意，用地取得，前工事，後工事など事業（プロジェクト）の進捗から決まる始期と終期，②出水期，降雨，積雪などの自然条件，並びに関係機関や住民などからの要請，予算執行期限などの社会的条件，③対象工事の施工に必要と考えられる期間があります。最近では，④建設業の生産性向上やワークライフバランスの観点からの平準化を進めるとともに週休２日を実現するために必要な工期設定の徹底についても叫ばれてきています。これらの要素のうち，③や④は，標準工程などからある程度理論的に導くことができますので，理論に沿った設定が必要です。一方，①や②並びに確定した設計の提示は発注者の努力に負う所が大です。

一方，受注者にとっては，工期は発注者からの与件であり，その範囲で，自社の経営力や技術力をもって最善の工程を組むことになります。この際には，週休２日の確保や総労働時間を短縮することが近年の課題となっています。様々な努力をして工期内に収まればよいのですが，受注者の責めに帰すべき事由がない所での制約等により予定通りの工程で進められない場合に，その解決に当たり与件の問題なのか，自助努力の問題なのか等の課題が生じることになります。

以上のような課題については，発注者と受注者が協働しなければ解決できません。平成26年の改正品確法においては，担い手の中長期的な育成及び確保の観点が追加され，発注者の責務が明確化された中で，適切な工期の設定や条件が変わった場合の適切な工期変更が明示されました。さらに，政府は平成29年３月28日に働き方改革実行計画を策定しました。建設現場における週休２日の拡大が強く求められる中で，発注者の意識が工期の設定のみならず，施工時における工程管理にも向けられることも必要になってきています。

国土交通省においては，直轄工事で率先して週休２日を実施できる工期での発注を行うべく，「週休２日の推進に向けた適切な工期設定について」を通知しました。また，工期設定支援システムの活用も開始しました。これらにより，実務の現場でより適切な工期設定がされ，工程情報の共有化が進み，円滑な工事執行を実現することが期待されています。

このような背景の下，本書は，近年の社会的要請も踏まえた工期設定がされるよう，工期設定に関する資料を集約，整理し，適切かつ容易な工期算定や変更を可能とすることにより，担い手の育成に資するとともに，公共土木工事の長期的な品質が確保されることを目的として，平成29年８月に初版を作成しました。その後，平成30年６月には働き方改革関連法が成立し，令和元年６月には新・担い手３法が成立する中，適正な工期設定はさらに重要な課題となっていることを踏まえ，このたびの改訂版を作成しました。

本書は，以下の構成で編集しております。

第１章では，工期設定の重要性と関連する施策の概要を解説しています。

第２章では，平準化と週休２日の推進に関する施策の概要と通知を紹介しています。

第３章では，これからの工期設定の基本となる「土木工事における適切な工期設定の考え方」の通知を紹介しています。

第４章では，第３章の通知を踏まえて，積算における工期設定の具体的な方法を解説しています。

第５章では，工期に関する契約変更に関する契約約款や条件明示など諸規定を解説すると共に工期に係る変更事例を収録しています。

第６章では，工程情報の共有化の事例を紹介しています。

本書の作成にあたっては，国土交通省大臣官房技術調査課の皆様を始め，関係各位から貴重な資料の提供並びにご指導，ご助言をいただきました。ここに厚く御礼申し上げます。

また，本書が発注者の適正な工期設定と受注者の理解促進に役立ち，建設産業の健全な発展と良質な社会資本の整備や管理に寄与することを祈念致します。

令和元年12月

建設システム研究会

Contents

第5章 契約後の工期に関する適切な対応

第6章 週休2日の実施にあたっての留意事項（工程共有事例）

本書の利用にあたって

本書の内容は，令和元年12月時点での情報を基に作成していますので，最新情報については，国土交通省ホームページ等をご確認ください。

第1章 適切な工期設定の意義

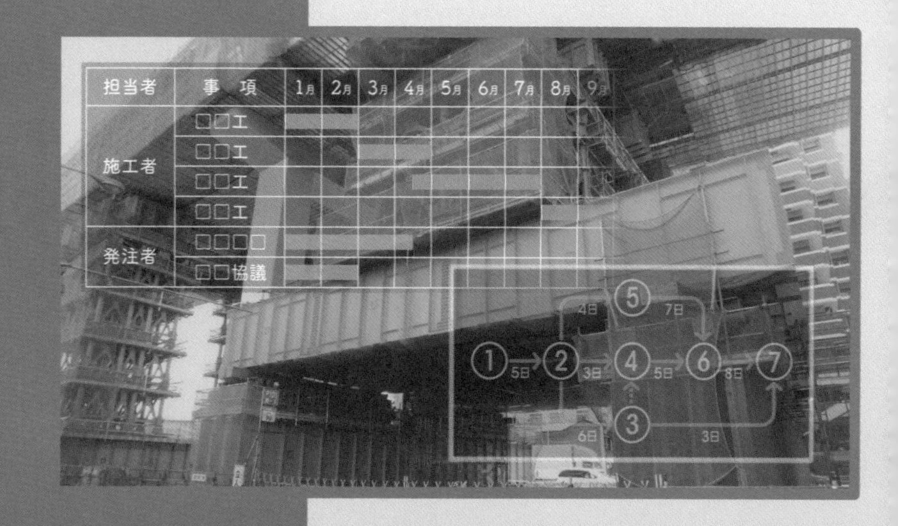

1-1 土木工事の特性と工期

一般に，同一発注者による同一目的，同一規模の工事目的物でも，その構造，寸法，生産方法は一つとして同じ物はない。まったく同一構造，寸法，生産方法であるとしても，築造場所が異なれば，その設計，施工方法，工期は異なるものだと言われる。これは，以下に述べるように，土木工事の基本的な特性によるものである。この特性を十分念頭に置いた上で，個別の工事について，適切な工期を設定することが，公共工事の発注者に求められている。

土木工事の基本的な特性として，一般に以下の３点が挙げられる。

①　一品（単品）生産であること

土木工事は，一般に異なる目的物を地質・地形等の自然的・地理的条件，地域条件，社会的条件等の異なる場所に，一品一品築造することになる。このため個々の部材や材料はともかく，工事目的物本体を大量生産でコストダウンを図るなどということにはなじみにくい。したがって，発注者は，一品一品について工事毎に必要な工事価格を積算したり工期を設定する必要がある。

②　現地（屋外）組立生産であること

土木工事は，その工事目的物の機能，効用を発揮すべき場所に築造される。堤防でも橋梁でもそうだが，それらが築造される場所は，無論，屋内ではなく，一般に屋外の現場である。工事はそこに材料，機械，人員を集結させ工事目的物を組立ていく作業である。したがって，施工方法や工事品質が，施工時期（季節），天候や地形・地質などの自然条件に大きな影響を受けやすくなりがちである。この影響を緩和し，併せて少人化，省力化，コスト縮減を行うために，工場生産品（コンクリート二次製品等）を多用することも行われてきているが，依然として自然条件の不確定性はすべてを排除することはできない。このため，発注者は，悪天候で材料の搬入や施工ができないなどの事態が発生することなどを見込んで，工事価格や工期については設計変更を容易にできるような措置を予め講じておく必要がある。

③　受注生産であること

建設産業は製造業と異なり，公共，非公共（民間）にかかわらず，ほとんどが発注者からの注文を受けて施工する，いわゆる受注産業である。出来上がった工事目的物に不備があったとしても，簡単に取り換えることは不可能，即ち代替性がないので，工事目的物はこの特性を十分念頭に置いて，所定の品質を満足するように仕上げなければならない。

一方，例えば発注の時期や工期設定についても，発注者の予算会計制度や，施工現場のさまざまな条件から，発注者の裁量で決定される場合が一般的である。このため，後述するように施工の平準化や現場における週休２日の導入を可能とするような工期の設定は，ひとえに発注者側で適切に行われる必要がある。

1-2 適切な工期設定の重要性

❶ わが国建設業の現状

公共土木工事においては，言うまでもなく，建設業はインフラの整備やメンテ

○建設業就業者は，55歳以上が約35％，29歳以下が約11％と高齢化が進行し，次世代への技術承継が大きな課題。
※実数ベースでは，建設業就業者数のうち平成29年と比較して55歳以上が約５万人増加，29歳以下は約１万人増加。

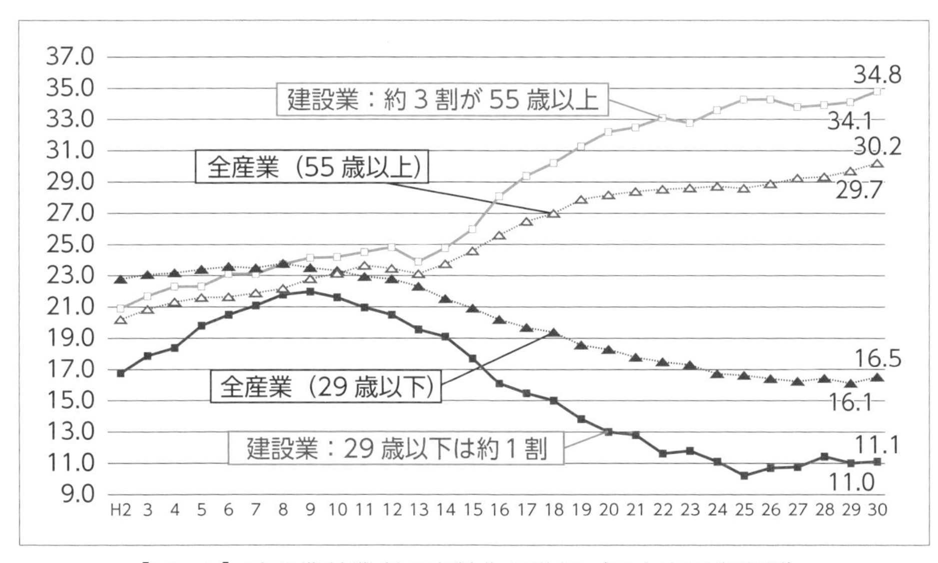

【図－１】建設業就業者の高齢化の進行（国土交通省資料）
（出典：参考文献１）より作成）

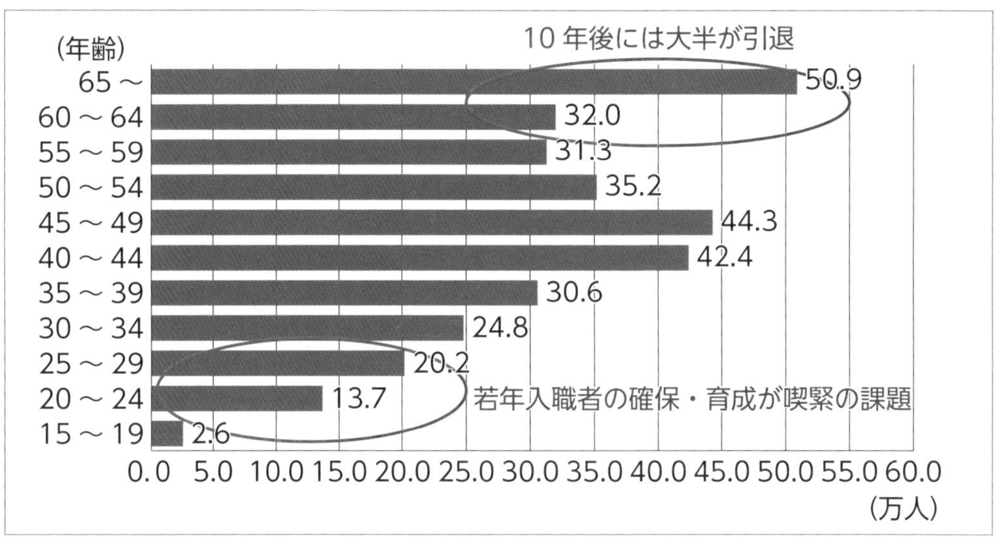

【図－2】高齢者の大量離職の見通し（国土交通省資料）
（出典：参考文献１）より作成）

ナンスを担う，わが国の基幹産業である。また，近年各地で頻発する災害時の応急対応を支えているのも建設業であり，地域社会の安全・安心の確保を担う地域の守り手としてなくてはならない存在でもある。さらに，生産年齢人口（15歳以上65歳未満の人口層）の７％を雇用する，わが国の基幹産業として，地域の雇用を下支えしている。この意味で「地方創生」への貢献は多大と言えよう。

しかしながら，その建設業就業者数を見てみると，ピーク時の平成９年度末には685万人だったのが，平成30年度末では503万人と，27％も減少してしまっている。さらに，図－1に示すように，55歳以上が全体の約35％を占める一方，29歳以下が約11％と高齢化の進行が著しい。これは全産業と比較すると，建設業就業者の高齢化傾向が一層際立っており，他産業以上に，次世代への技術継承が大きな課題となっている。

また，図－2を見ると，今後10年後には高齢の建設業就業者の大半が引退，離職する一方，29歳以下の若年就業者の割合が他の年齢層と比べて著しく低く，今後，若年入職者の一層の確保・育成が喫緊の課題となっている。

❷　改正品確法（公共工事の品質の確保の促進に関する法律）の成立

前節で述べたように，公共工事の担い手の確保・育成が喫緊の課題であること，また，将来にわたって公共工事の良好な品質を確保すること等のために，平成26年6月，品確法（公共工事の品質の確保の促進に関する法律）が改正され，法の基本理念に，公共工事の品質確保の担い手として（技術を有する者が）中長期的に育成・確保されるべきことが謳われた。

品確法の改正を受けて，平成27年1月に，国土交通省など公共工事を発注する関係省庁間で「発注関係事務の運用に関する指針」（以下，「運用指針」と呼ぶ。）が申し合わされた。改正品確法では，公共工事の発注にあたっての「発注者の責務」が初めて具体的に規定されたが，本運用指針は「発注者の責務」等を踏まえて，発注者共通の指針として，発注関係事務の各段階で取り組むべき事項等について体系的にまとめられたものである。

運用指針は国の機関間での申し合わせだが，国発注の公共工事のみに適用されるのではなく，地方公共団体を含めすべての公共工事の発注者がこれによるものとされている。

令和元年6月に再度，改正された品確法では，基本理念（第3条）に「適正な請負代金・工期による請負契約の締結」が加えられた。また，発注者等の責務（第7条）には，「①平準化を図るため，計画的発注を行うとともに，債務負担行為や繰越明許費を活用すること」，「②休日，準備期間，天候等を考慮した適正な工期等の設定」，「③変更に伴い工期等が翌年度にわたる場合の繰越明許費活用」等が加えられた。さらに，受注者等の責務（第8条）には，「適正な額の請負代金・工期での下請契約締結」が加えられた。法改正に伴い，「基本方針」が改正され，「運用指針（改正案）」も公表された。「運用指針（改正後）」については，国土交通省ホームページを確認頂きたい。

❸ 働き方改革実行計画

平成28年9月，政府は，安倍総理を座長として国土交通大臣を含む関係閣僚及び有識者で構成する「働き方改革実現会議」を設置し，平成29年3月末に働き方改革実行計画を決定した。この計画では，

○建設業については，猶予期間（施行期日の5年後）を設けたうえで罰則付上限規制の一般則を適用する

○週休2日の推進など休日確保に向けて，発注者を含めた関係者で構成する協議会を設置するなど，週休2日の実現等に全力で取り組むこととなった。

以下，品確法や運用指針等に取りまとめられた各種の施策のうち，適切な工期の設定に関係するものについて，次節で紹介する。

❹ 適切な工期の設定に関する具体的な施策

運用指針（改正案）には，「計画的な発注や施工時期の平準化」について，以下のように記載されている。

「年度当初からの予算執行の徹底，繰越明許費の適切な活用や債務負担行為の積極的な活用による年度末の工事の集中の回避等予算執行上の工夫等により，適正な工期を確保しつつ，工事の施工時期を平準化するよう努める。また，年度当初から履行されなければ事業を執行する上で支障をきたす，または適切な工期の確保が困難となる工事については，条件を明示した上で予算成立前の入札公告の前倒しを行い，計画的な発注に努めるものとする。」（本文から抜粋。下線部は筆者記す。）

すなわち，週休２日の確保等を考慮した適切な工期を設定した上で，予算上の工夫や契約上の工夫等を行い，計画的な発注や施工時期の平準化に努める，ということである。いわば，適切な工期設定は工事発注の大前提で，発注者の責務であるということだ。

① 週休２日の確保

働き方改革の中では「労働生産性の向上」や「長時間労働の是正」等の検討テーマが掲げられている。

ここで，建設業における労働時間の実態を，図－３で確認してみよう。建設業は運輸業・郵便業とともに，全産業と比較して圧倒的に労働時間が長い。なおか

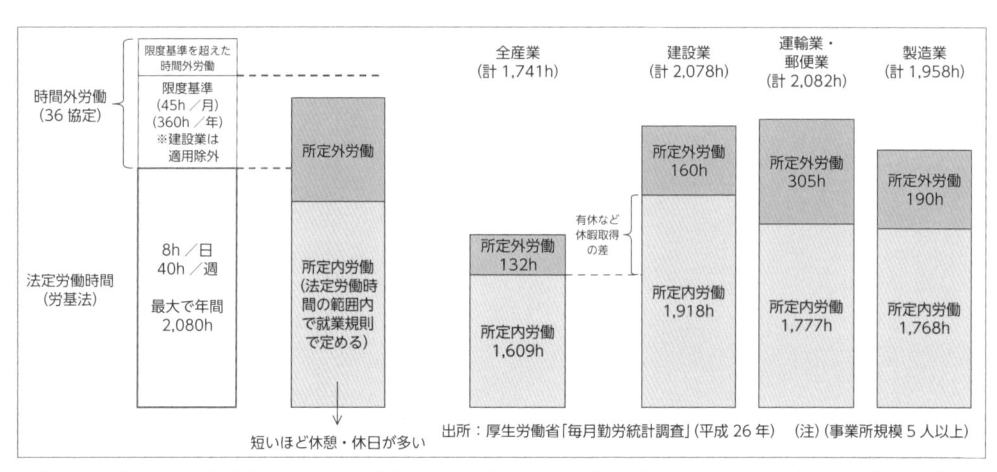

【図－３】法定労働時間と各産業の所定内・外労働時間の実態（国土交通省資料）
（出典：参考文献２）より作成）

つ，所定内労働時間もかなり長い。これは，有休など休暇の取得の状況で大きな差が生じていることがわかる。さらに建設工事全体（公共工事・民間工事を問わず。土木・建築を問わず。）では，43％の人が４週４休以下で就業しているという。（日建協「2018時短アンケート」より。第２章２-２参照。）すなわち，これらの人々は日曜日もすべて休めているわけではないということである。

若者が建設産業への入職を敬遠する理由として，「低収入」に次いで「少ない休日」は依然多数挙げられている。前節で述べたとおり，若年入職者の一層の確保・育成が喫緊の課題となっている今，若者にとって魅力ある建設産業にするためには，休日を一層増やすなど，労働時間の短縮への努力を受発注者ともに積み重ねていかなければならない。

休日を一層増やす措置の一つとして，運用指針にも週休２日の確保等，不稼働日等を踏まえた適切な工期を設定することが盛り込まれている。週休２日の現場への導入は，単にこれにともなう不稼働日数を見込んで工期を設定することにだけではなく，例えば，関東地方整備局等で実施を始めたように，「週休２日制確保モデル工事」と銘打って試行してきたことに加えて，入札公告の際に，発注者が算定した工期や関係機関との調整，住民合意等の進捗状況を工程表で表す「工

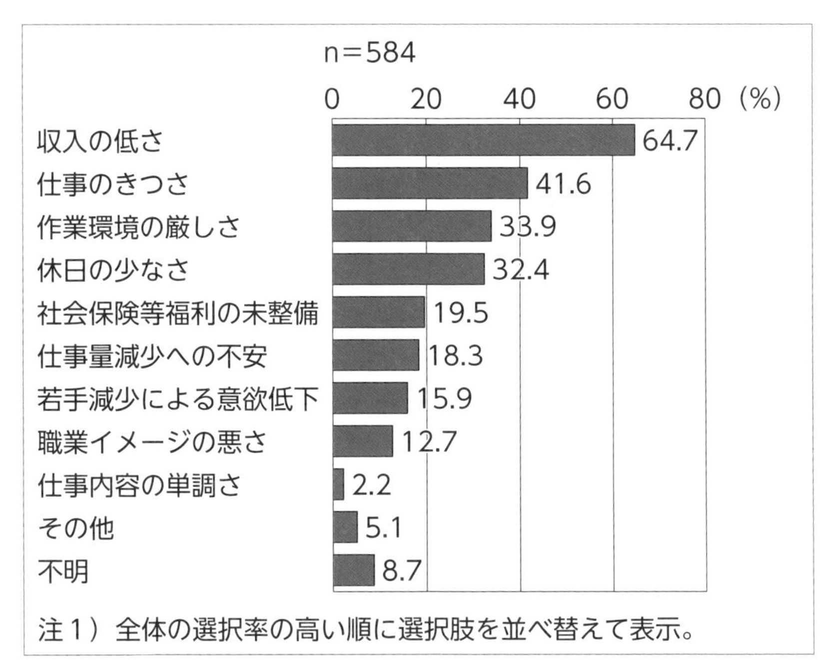

【図－4】若手の技能労働者が入職しない原因
（出典：参考文献３）より作成）

事工程表の開示」をセットで行うことで，週休２日をより確実なものとするような工夫も重要である。

週休２日の確保に関する国土交通省から発出されている各種通知等については，第２章で詳述する。

②　計画的な発注や施工時期の平準化

前述のように，運用指針は，適切な工期設定を行った上で，債務負担行為の積極的な活用など予算執行上の工夫や，余裕期間の設定など契約上の工夫等を行い，計画的な発注や施工時期の平準化に努めるものとしている。

公共工事の発注者は，一般に予算が成立する４月を待って，それから発注手続きを開始し，年度末に工事が完了するよう工期設定をすることが多かった。これは，それぞれの発注者の予算制度，すなわち予算執行の単年度主義に従っているためである。財政規律を健全なものとするためには，単年度主義は合理的とは言えるが，一品（単品）受注生産が特徴の土木工事においては，受注が決定してから機械，労務，材料等の調達を行い，年度末の工期に向けて，鋭意，施工をすることになる。他の公共工事発注者も同じ考えで発注事務を進めるとすれば，発注時期が重なり，なおかつ完成時期も重なることになってしまう。

こうなると，何が起こるか。まず，発注が重なる７月～９月や年度末の１月～３月には，機械，労務，材料等の需給がひっ迫し，市場原理から調達価格が上昇する。発注者が設定する予定価格は，標準的な施工能力を有する企業が，標準的な価格で機械，労務，材料等を調達し，標準的な工法で施工することを前提として算定される。材料は発注直前の最新の単価を使用することとしているが，機械経費や労務費は，基本的には一年を通じて同一の単価や損料を使用することが多い。そうすると，需給がひっ迫し調達価格が上昇した結果，その工事で生み出される利潤がその分圧縮されることになる。

一方，年度当初（４月～６月）に受注が少ないと何が起こるか。上の場合とは逆に，仕事がないのに機械，労務，場合によっては材料も抱え込むことになる。機械，労務とも稼働率が低いということは，その企業全体の収益を圧迫することにつながるし，材料も在庫を抱えることは，その分余計に経費がかかることになる。また，安定した雇用につながらない。

いずれの場合も，その企業の経営に大きな影響を及ぼし，計画的な経営を困難にさせてしまう。そのような状況のもとで将来の担い手を積極的に確保し育成していこうというインセンティブも働かない。担い手の確保・育成のために計画的な発注や施工時期の平準化は，きわめて重要なことなのである。

一方，例えば工期内に悪天候が続き工程が回復できていない場合などは，工期末にしわ寄せが生じることが考えられるが，このような場合，時として品質管理に慎重さを欠いたり，場合によっては安全対策がおろそかになってしまうこともありうる。このように品質管理上，また安全管理上も大きな問題を惹起する恐れがあると言える。

発注時期や施工時期の設定における工夫は，ひとえに発注者において行われることだ。したがって，計画的な発注や施工時期の平準化は，発注者の責務の重要な事項として，運用指針にも位置付けられているのである。

❺ 建設現場の生産性向上に向けて

これまで述べてきたように，建設業においても急激な高齢化，若年労働者の減少が進むなか，建設業の賃金水準の向上や休日の拡大等による働き方改革が喫緊

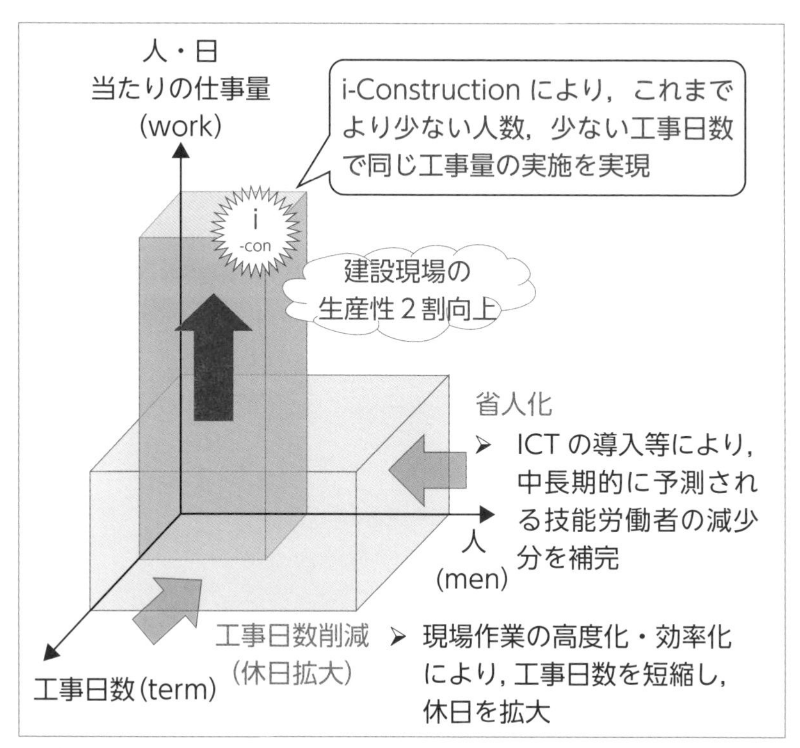

【図－5】i-Construction による生産性向上のイメージ（国土交通省資料）
（出典：参考文献４）より作成）

の課題であることは論を待たない。一方，これとともに，建設現場における生産性向上が必要不可欠になっている。このため，国土交通省は，調査・測量から設計，施工，検査，維持管理，更新までのすべての建設生産プロセスでICT（Information Communication Technology：情報通信技術）を活用するi-Constructionを推進し，建設現場の生産性を2025年度までに２割向上させることを目指している。図－5はi-Constructionの推進により生産性を向上させるイメージだ。i-Constructionの推進により省人化と工事日数の削減（休日の拡大）を図ろうとするものである。

1-3 プロジェクトマネジメントと工期に影響する要因

一般に公共土木工事は，調査→計画→設計→用地取得→施工→管理の一連のプロセスに長期間を要するものが多い。計画的な事業執行を実現するためには，これらそれぞれの段階の進行を的確に管理していくことが重要である。特に施工に当たっては，設計図書を定めること，関連工事の調整や用地の確保等，発注者が行うべきことが完了していると円滑な施工に結びつく。近年，プロジェクトマネジメントの手法を採用し，事業進行を管理するケースが多くなってきている。

しかしながらこのような場合でも，実際に工事を始めると，当初予期し得なかったさまざまな要因により，工程が遅れがちになったり工事が中断してしまうことがある。この場合，当初設定していた工期に大きな影響が生じる恐れがある。

土木工事の特性として，現地（屋外）組立生産であることは前述したとおりだが，そのため，施工方法や工事品質が，施工時期（季節），天候や地形・地質などの自然条件に大きな影響を受けやすい。当初見込んでいた以上に降雨が多く，施工できない日数が増加したとか，予期していた深さに支持層が現れず，基礎掘削に予定していた以上に時間を要したなど，さまざまな事態が起こるものである。

これらは，そもそも土木工事が内包する根源的課題である。多くの場合は，当事者の努力等により何とか遅れを取り戻せる場合も多いが，予め適切な措置を講ずることでリスクを回避することもできる。例えば，設計図書に施工条件を適切に明示し，その施工条件と実際の現場の状況に差異が生じた場合や，明示されていない施工条件について予期することのできない特別な状態が生じた場合等において，必要と認められるときは，適切に設計図書の変更とこれに伴って必要となる契約金額の変更を行うとともに，工期を適切に変更することなどが大切である。このためにも，設計図書における施工条件の適切な明示は不可欠と言えよう。

一方，近年，発注者側のさまざまな理由から，管理者との協議が調わないままやむを得ず発注がなされる場合がある。この場合，設計図書では期限を付して，その期日以降に着手すること等を記載することになるが，このような発注の仕方は本来慎まれなければならない。結局，工期が圧縮されることになりがちなことに加えて，多くの場合，調整が調うまでの間，工事一時中止の措置がなされるが，「一部一時中止」とされることが多く，監理技術者はその間，他工事を担当することもできず，受注企業の自由度を奪うことにつながってしまう。一部一時も含め一時中止を行った場合は，必ず工期延期を行うのはもちろんのこと，できるだけ「全部一時中止」とし，受注企業の裁量の幅を広げるなどの措置が必要であろう。

(参考文献)
1）国土交通省：公共工事の執行に係る最近の動向について，令和元年6月4日（総務省「労働力調査」を基に国土交通省で算出）
2）国土交通省：第1回建設産業政策会議　資料4　建設産業の現状と課題，2016年10月
3）建設技能労働力の確保に関する調査報告書，（社）建設産業専門団体連合，2007年3月
4）i-Construction 推進コンソーシアム，国土交通省 HP 技術調査

第2章 平準化と週休2日等休日拡大に係る施策

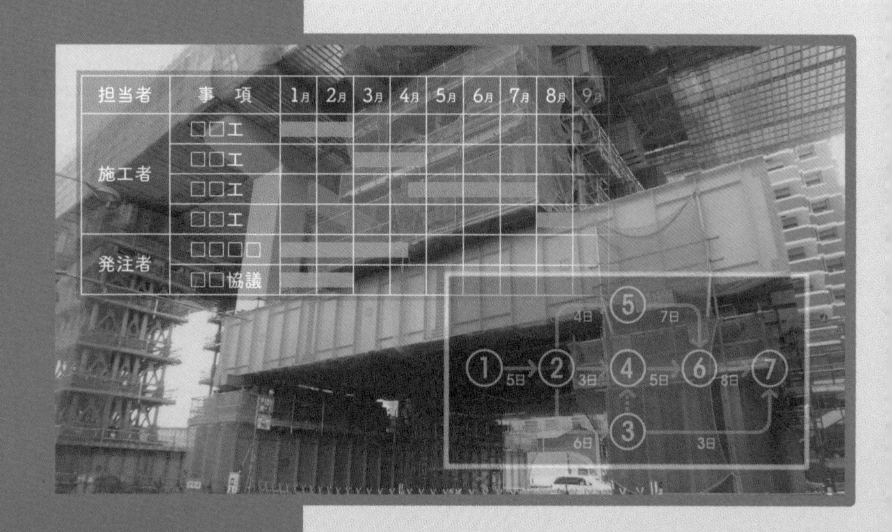

2-1 平準化に係る施策

❶ 要旨

(1) 計画的な事業執行は，公共工事の生産性の向上を通じ，品質確保や担い手の中長期的な確保に寄与するため，発注者が主体的に取組むべき責務である（品確法及び運用指針）。

●平準化の効果
○受注者　：・人材・機材の効率的配置
○労働者　：・収入安定，超過勤務削減，週休２日の実現
○地域　　：・建設産業及び地域の担い手の確保

(2) 一方，現在の工事量は，繁忙期と閑散期で約２倍の差がある。この幅を小さくすること（平準化）が必要である。

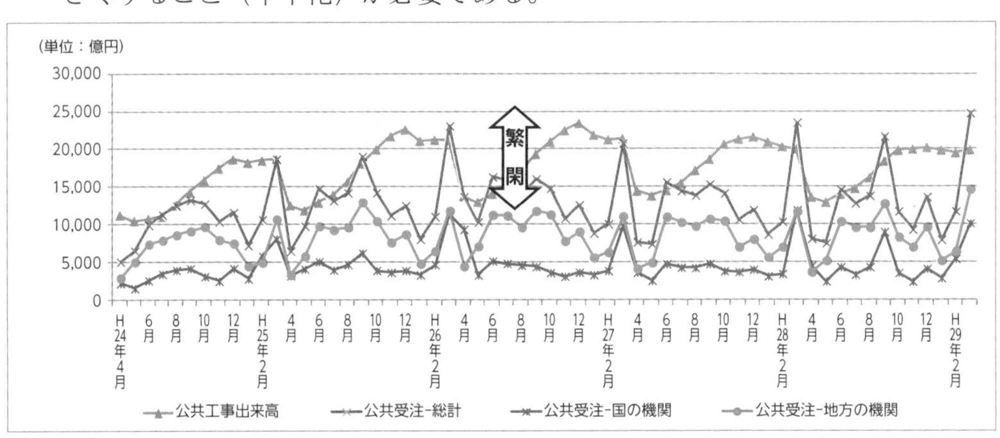

【図－１】出来高，受注額の推移

【表－１】出来高，受注額の繁閑比（月間比）

	公共工事出来高	公共機関受注工事		
		計	国機関	地方機関
H24年度	1.77	3.73	5.44	3.72
H25年度	1.90	3.60	3.59	3.96
H26年度	1.80	1.86	3.22	2.69
H27年度	1.56	3.21	4.81	2.89
H28年度	1.56	3.31	4.35	4.08

(注)　月間比：各年度の最大月額／最小月額
(出典：国土交通月例経済，国土交通省より作成)

⑶ 工事の季節変動を少なくするため，平準化に係る以下の内容の通知が官房長から各地方整備局長等に発出された。

●計画的な発注の推進

○早期発注や国庫債務負担行為の適切な活用により，計画的な発注を推進。年度内の工事量の偏りを減らし，施工時期を平準化。

●適切な工期の設定

○工事の性格や地域の実情等を踏まえ，特に以下の事項に留意し適切な工期を設定。

・同工種の過去の類似実績を参考に，必要な日数を見込む。
・降雪期における作業不能日数を見込む。
・年度末にかかる工事を変更する際には，年度内完了に固執することなく，必要な日数を見込む。

●余裕期間制度の積極的な活用

○受注者が建設資材や建設労働者等の確保を円滑に行えるようにするとともに，受注者側の観点から平準化を図るため，余裕期間制度を積極的に活用。

●工期が複数年度にわたる工事・業務への適切な対応

○上記取組みを行った結果，工期が複数年度にわたる場合は，国庫債務負担行為制度，翌債（繰越）制度を適切に活用。

⑷ 平成31年度予算においては平準化のため，以下の３つの取組み措置を実施した。

①国庫債務負担行為の積極的活用

適正な工期を確保するための国庫債務負担行為（２か年国債※1）及びゼロ国債※2））を上積みし，閑散期の工事稼働を改善

〈２ヶ年国債＋当初予算におけるゼロ国債〉

平成31年度：約3,200億円（平成30年度：約3,100億円）

※平成29年度から当初予算におけるゼロ国債を設定（業務についても平成31年度から新たに設定）

※平成31年度の内訳は，２ヶ年国債約2,099億円，ゼロ国債約1,095億円（業務含む）

②地域単位での発注見通しの統合・公表の更なる拡大

全ブロックで実施している国，地方公共団体等の発注見通しを統合し，とりまとめ版を公表する取組の参加団体を拡大

※参加状況の推移：平成29年３月末時点：約500団体（約25％）→平成31年１月時点：1600団体（約80％）国，特殊法人等：193／209，都道府県：47／47，政令指定都市：20／20，市町村：1340／1722（平成31年１月時点）

③地方公共団体等への取組要請

各発注者における自らの工事発注状況の把握を促すとともに，平準化の取組の推進を改めて要請

※１）国庫債務負担行為とは，工事等の実施が複数年度に亘る場合，あらかじめ国会の議決を経て後年度に亘って債務を負担（契約）することが出来る制度であり，２か年度に亘るものを２か年国債という。

※２）国庫債務負担行為のうち，初年度の国費の支出がゼロのもので，年度内に契約を行うが国費の支出は翌年度のもの。

（出典：国土交通省 HP 技術調査，i-Construction，施工時期等の平準化について）

❷ 品確法における記述

(1) 公共工事の品質確保の促進に関する法律の令和元年６月の改正では，働き方改革や工期に係る条項が新設されるなど，発注者・受注者共に適正な工期への一層の配慮が求められている。

具体的には，基本理念（第３条）に新設された第８項では，「公共工事の品質は，適正な請負代金・工期による請負契約の締結，従事者の賃金，労働時間等について配慮することより確保されなければならない」とされた。

また，発注者等の責務（第７条）第１項第一号には，積算において工期等を的確に反映して予定価格を適正に定めることが加えられた。さらに，第五号に「平準化を図るため，計画的発注を行うとともに，債務負担行為や繰越明許費を活用すること」，第六号に「休日，準備期間，天候等を考慮して適正な工期等を設定すること」，第七号に「設計変更に伴い必要となる請負代金又は工期等を変更する。変更に伴い工期等が翌年度にわたるときは繰越明許費を活用すること」が規定されている。

さらに，受注者等の責務（第８条）には，第２項に「適正な請負代金・工期での下請契約締結等」が規定されている。

●公共工事の品質確保の促進に関する法律（平成十七年三月三十一日法律第十八号，最終改正：令和元年六月十四日法律第三五号）抜粋

（基本理念）

第三条第８項

公共工事の品質は，これを確保する上で公共工事等の受注者のみならず下請負人及びこれらの者に使用される技術者，技能労働者等がそれぞれ重要な役割を果たすことに鑑み，公共工事等における請負契約（下請契約を含む。）の当事者が，各々の対等な立場における合意に基づいて，市場における労務の取引価格，健康保険法（大正十一年法律第七十号）等の定めるところにより事業主が納付義務を負う保険料（第八条第二項において単に「保険料」という。）等を的確に反映した適正な額の請負代金及び適正な工期又は調査等の履行期（以下「工期等」という。）を定める公正な契約を締結し，その請負代金をできる限り速やかに支払う等信義に従って誠実にこれを履行するとともに，公共工事等に従事する者の賃金，労働時間その他の労働条件，安全衛生その他の労働環境の適正な整備について配慮がなされることにより，確保されなければならない。

（発注者等の責務）

第七条第１項

一　公共工事等を実施する者が，公共工事の品質確保の担い手が中長期的に育成され及び確保されるための適正な利潤を確保することができるよう，適切に作成された仕様書及び設計書に基づき，経済社会情勢の変化を勘案し，市場における労務及び資材等の取引価格，健康保険法等の定めるところにより事業主が納付義務を負う保険料，公共工事等に従事する者の業務上の負傷等に対する補償に必要な金額を担保するための保険契約の保険料，工期等，公共工事等の実施の実態等を的確に反映した積算を行うことにより，予定価格を適正に定めること。

五　地域における公共工事等の実施の時期の平準化を図るため，計画的に発注を行うとともに，工期等が一年に満たない公共工事等についての繰越明許費（財政法（昭和二十二年法律第三十四号）第十四条の三第二項に規定する繰越明許費又は地方自治法（昭和二十二年法律第六十七号）第二百十三条第二項に規定する繰越明許費をいう。第七号において同じ。）又は財政法第十五

条に規定する国庫債務負担行為若しくは地方自治法第二百十四条に規定する債務負担行為の活用による翌年度にわたる工期等の設定，他の発注者との連携による中長期的な公共工事等の発注の見通しの作成及び公表その他の必要な措置を講ずること。

六　公共工事等に従事する者の労働時間その他の労働条件が適正に確保されるよう，公共工事等に従事する者の休日，工事等の実施に必要な準備期間，天候その他のやむを得ない事由により工事等の実施が困難であると見込まれる日数等を考慮し，適正な工期等を設定すること。

七　設計図書（仕様書，設計書及び図面をいう。以下この号において同じ。）に適切に施工条件又は調査等の実施の条件を明示するとともに，設計図書に示された施工条件と実際の工事現場の状態が一致しない場合，設計図書に示されていない施工条件又は調査等の実施の条件について予期することができない特別な状態が生じた場合その他の場合において必要があると認められるときは，適切に設計図書の変更及びこれに伴い必要となる請負代金の額又は工期等の変更を行うこと。この場合において，工期等が翌年度にわたることとなったときは，繰越明許費の活用その他の必要な措置を適切に講ずること。

（受注者等の責務）

第八条第２項

公共工事等を実施する者は，下請契約を締結するときは，下請負人に使用される技術者，技能労働者等の賃金，労働時間その他の労働条件，安全衛生その他の労働環境が適正に整備されるよう，市場における労務の取引価格，保険料等を的確に反映した適正な額の請負代金及び適正な工期等を定める下請契約を締結しなければならない。

⑵　品確法を受けた「公共工事の品質確保の促進に関する施策を総合的に推進するための基本的な方針」，及び「発注関係事務の運用に関する指針」では，工期に関連して以下の事項について，考え方や方策例を規定している。

○計画的な発注，施工時期の平準化

①　計画的な発注

②　繰越明許費や債務負担行為の活用により翌年度にわたる工期設定を

行うこと
③　各発注者の発注見通しを統合して公表すること
④　国は地域において平準化が図られるよう支援すること，取組事例等の情報共有

○適正な工期設定及び適切な設計変更
⑤　労働時間その他労働条件が適正に確保されるよう適正な工期を設定すること，余裕期間制度を活用すること
⑥　工期に変動が生じた場合の適切な変更
⑦　変更により工期が翌年度にわたるときは，繰越明許費の活用その他の必要な措置を適切に講ずること

❸ 地方公共団体における取組み事例

(1)　地方公共団体においても平準化の取組みが積極的に実施されている。

●地方公共団体における取組み事例（さ・し・す・せ・そ）

①（さ）債務負担行為の活用

・年度をまたぐような工事だけではなく，工期が12ヶ月未満の工事についても，工事の施工時期の平準化を目的として，債務負担行為を積極的に活用
・また，出水期までに施工する必要がある場合などには，ゼロ債務負担も適切に活用

②（し）柔軟な工期の設定（余裕期間制度の活用）

・工期設定や施工時期の選択を一層柔軟にすることで，計画的な発注による工事の平準化や受注者にとって効率的で円滑な施工時期の選択を可能とするため，発注者が指定する一定期間内で受注者が工事開始日を選択できる任意着手方式等を積極的に活用
※余裕期間については各発注者により定義等が異なる。国（直轄事業）における「余裕期間制度」は，本章（7）参照

③（す）速やかな繰越手続

・工事又は業務を実施する中で，計画又は設計に関する諸条件，気象又は用地の関係，補償処理の困難，資材の入手難その他のやむを得ない事由により，基本計画の策定等において当初想定していた内容を見直す必要が生じ，その結果，年度内に支出が終わらない場合には，その段階で速やかに繰越手続を開始

④（せ）積算の前倒し
・発注前年度のうちに設計・積算までを完了させることにより，発注年度当初に速やかに発注手続を開始
⑤（そ）早期執行のための目標設定（執行率等の設定，発注見通しの公表）
・年末から年度末に工期末が集中することが無いよう事業量の平準化等に留意し，上半期（特に４～６月）における工事の執行率（契約率）の目標を設定し，早期発注など計画的な発注を実施

(出典：地方公共団体における平準化の取組事例について ～平準化の先進事例「さしすせそ」～【第３版】，国土交通省土地・建設産業局建設業課入札制度企画指導室，2018.5より作成)

❹ 平準化関係通知の概要

⑴　平準化に関係して，国土交通省から下表の通知等が発出されている。
⑵　大臣官房長通知（No.21）p.25では，計画的な事業執行のため，①計画的な発注，②適切な工期設定，③余裕期間制度の活用，④工期が複数年度にわたる工事への適切な対応を行うこととしている。
⑶　運用通知（No.22）p.27は②適切な工期設定，③余裕期間制度の活用について運用上の留意事項を通知している。
⑷「余裕期間」は，契約期間内であるが，工期外であるため，受注者は監理技術者等の配置が不要であり，工事に着手してはならない期間である。
①発注者指定方式，②任意着手方式，③フレックス方式の３方式がある。
　なお，余裕期間は，p.48のNo.25の通知において，「工期の40％を超えず，かつ，５カ月を超えない範囲で設定できる」となり，No.26の通知（令和元年10月21日付け地方課長，技術調査課長通知）において，「当分の運用として，原則６ケ月を超えない範囲で設定できる」とされている。

No	名　称	発出者	年月日	文書番号	最終改正	文書番号	文書の趣旨
21	施工時期等の平準化に向けた計画的な事業執行について	国土交通省大臣官房長	平成27年12月25日	国官総第186号，国官会第2855号，国 地 契 第43号，国官技第255号，国営管第355号，国 営 計 第75号，国北予第25号			計画的な事業執行のため，計画的な発注，適切な工期設定，余裕期間制度の活用，工期が複数年度にわたる工事への適切な対応を行うこと。
22	施工時期等の平準化に向けた計画的な事業執行についての運用について	大臣官房地方課長，技術調査課長，官庁営繕部管理課長，官庁営繕部計画課長，北海道局予算課長	平成27年12月25日	国 地 契 第44号，国官技第257号，国営管第356号，国 営 計 第76号，国北予第26号			上記通知のうち，適切な工期設定，余裕期間制度についての運用上の留意事項。

23	余裕期間制度の活用について	大臣官房技術調査課建設システム管理企画室長	平成28年6月17日	国技建管第1号			余裕期間制度の内容，監理技術者の配置，同制度での工期，フレックス方式に関する解説。

❺ 施工時期等の平準化に向けた計画的な事業執行について，大臣官房長通知全文

国官総第186号
国官会第2855号
国地契第43号
国官技第255号
国営管第355号
国営計第75号
国北予第25号
平成27年12月25日

大臣官房官庁営繕部長
各地方整備局長
北海道開発局長あて

大臣官房長
（公印省略）

施工時期等の平準化に向けた計画的な事業執行について

計画的な事業執行は，施工体制の効率化による生産性の向上を通じ，公共工事の品質の確保や，その担い手の中長期的な確保に寄与するため，発注者が主体的に取り組むべき責務である。この点については，「公共工事の品質確保の促進に関する法律」（平成17年法律第18号）において計画的な発注が発注者の責務として示されたところであり，「発注関係事務の運用に関する指針」（平成27年1月30日公共工事の品質確保の促進に関する関係省庁連絡会議申合せ）においても，計画的な発注や適切な工期の設定により，施工時期等の平準化を図るよう努めることとされたところである。

ついては，下記事項に留意の上，国土交通省所管事業の計画的な事業執行に努められたい。

なお，下記事項の運用上の留意事項については別途通知する。

記

1　計画的な発注の推進

年度当初に事業が少なくなることや，年度末における工事完成時期や履行期限が過度に集中することを避けるため，早期発注や国庫債務負担行為制度の適切な活用により，計画的な発注に努めること。

2　適切な工期の設定

工期については，工事の性格，地域の実情，自然条件，建設労働者の休日等による不稼働日等を踏まえ，特に以下に留意のうえ，工事施工に必要な日数を確保するなど適切に設定すること。

⑴　同工種の過去の類似実績を参考に，必要な日数を見込むこと。

⑵　降雪期については，作業不能日が多いなど工事に要する期間が通常より長期になることから，必要な日数を見込むこと。

⑶　年度末にかかる工事を変更する際には，年度内完了に固執することなく，必要な日数を見込むこと。

3　余裕期間制度の積極的な活用

余裕期間制度については，柔軟な工期の設定等を通じて，建設資材や建設労働者などが確保できるよう積極的に活用すること。

4　工期が複数年度にわたる工事等への適切な対応

⑴　複数年度にわたる工期又は業務の履行期間を設定する必要がある場合は，国庫債務負担行為制度を適切に活用すること。

⑵　工事又は業務を実施する中で，計画又は設計に関する諸条件，気象又は用地の関係，補償処理の困難，資材の入手難その他のやむを得ない事由により，基本計画の策定等において当初想定していた内容を見直す必要が生じ，その結果，年度内に支出が終わらない場合には，翌債（繰越）制度を適切に活用すること。

❻ 施工時期等の平準化に向けた計画的な事業執行についての運用について，技術調査課長他通知全文

国地契第44号
国官技第257号
国営管第356号
国営計第76号
国北予第26号
平成27年12月25日

大臣官房官庁営繕部　各課長
各地方整備局　総務部長
　　　　　　　企画部長
　　　　　　　営繕部長
北海道開発局　事業振興部長
　　　　　　　営繕部長あて

大臣官房地方課長
大臣官房技術調査課長
大臣官房官庁営繕部管理課長
大臣官房官庁営繕部計画課長
北海道局予算課長
（公印省略）

施工時期等の平準化に向けた計画的な事業執行についての運用について

平成27年12月25日付け国官総第186号，国官会第2855号，国地契第43号，国官技第255号，国営官第355号，国営計第75号，国北予第25号により通知された「施工時期等の平準化に向けた計画的な事業執行について」（以下「官房長通達」という。）の運用上の留意事項を下記のとおり定めたので通知する。

なお，「事業執行に関する措置についての運用について」（昭和53年２月17日付け建設省厚発第45号，建設省技調発第67号）は，廃止する。

記

1　適切な工期の設定について

官房長通達記２の適切な工期の設定に当たっては，次により実施するものとする。

⑴「工期」とは，工事を実施するために要する期間で，準備期間と後片付け期間を含めた実工事期間であること。

⑵ 官房長通達記２の工期の設定に当たっては，具体的には，休日（土日，祝日，年末年始休暇及び夏期休暇），降雨日，降雪期，出水期等の作業不能日数，現場状況（地形的な特性，地元関係者や関係機関との協議状況，関連工事等の進捗状況等）により必要な日数を見込むこと。

⑶ ⑵により算出した日数が，過去に施工した同種工事の日数の状況と比較して著しく乖離がある場合は，現場状況等当該日数の算出根拠について確認を行うとともに，必要に応じて日数の見直しを図ること。

⑷ 災害復旧工事，完成時期や施工時期が限定されている工事等の制約条件のある工事については，(2)及び(3)にかかわらず，当該制約条件を踏まえて必要な工期を設定すること。この場合においては，入札説明書及び特記仕様書（営繕工事においては現場説明書。以下同じ。）に当該制約条件を記載すること。

⑸ 出水期等の作業不能日数の設定は，中断期間を含めて一本化して発注することが種々の条件からみて有利であるものに限り行うものとし，この場合には，中断期間を含めた工期を設定すること。また，中断期間については，中断期間を含めて一本化して発注する方が中断期間を設けずに分離発注する場合の経費より小さくなる範囲を目途として設定すること。この場合においては，入札説明書及び特記仕様書において，中断期間を含めた工期を設定した旨を記載すること。併せて，中断期間中は，工事現場の保全措置を的確に講ずること。

⑹ 作業不能日数については，特記仕様書に記載すること。あわせて，当初見込んだ作業不能日数から実際の作業不能日数との間に乖離が生じることが判明した場合においては，実際に生じることとなる作業不能日数を反映した工期に変更すること。

2　余裕期間制度の積極的な活用について

官房長通達記３の余裕期間制度の積極的な活用に当たっては，次の事項に留意するものとする。

(1)「余裕期間」とは，契約の締結から工事の始期までの期間であること。

(2) 余裕期間制度には，次の方法があること。

① 発注者が工事の始期を指定する方法（以下「発注者指定方式」という。）

② 発注者が示した工事着手期限までの間で，受注者が工事の始期を選択する方法（以下「任意着手方式」という。）

③ 発注者があらかじめ設定した全体工期（余裕期間と工期をあわせた期間）の内で，受注者が工事の始期と終期を決定する方法（以下「フレックス方式」という。）

(3) 余裕期間は，契約ごとに，工期の30％を超えず，かつ，４ヶ月を超えない範囲内で設定できるものとすること。

(4) 余裕期間を設定する場合においては，入札説明書及び特記仕様書に「工期及び余裕期間を設定することができる期間」のほか，次に掲げる内容を記載すること。

① 余裕期間制度を活用した工事である旨

② 余裕期間内は，主任技術者及び監理技術者の配置を要しない旨

③ 余裕期間内は，現場への資材の搬入，仮設物の設置等工事の着手を行ってはならない旨

(5) (4)「工期及び余裕期間を設定することができる期間」については，余裕期間制度の各方式に応じて，それぞれ次の期限等を記載すること。

① 発注者指定方式　工事の始期及び工期

② 任意着手方式　工事着手期限及び工期

③ フレックス方式　工事完了期限

（参考）

＜発注者指定方式＞

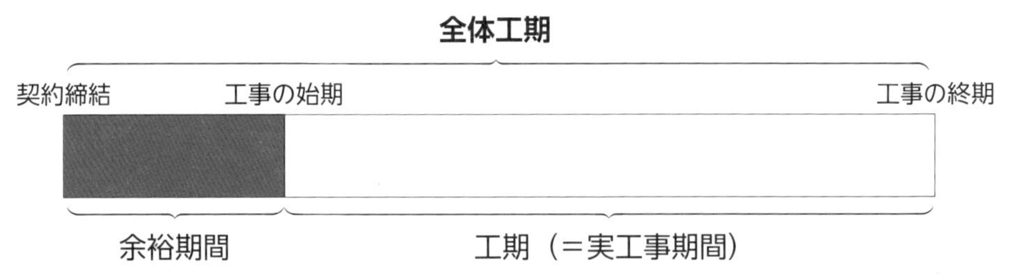

＜任意着手方式＞

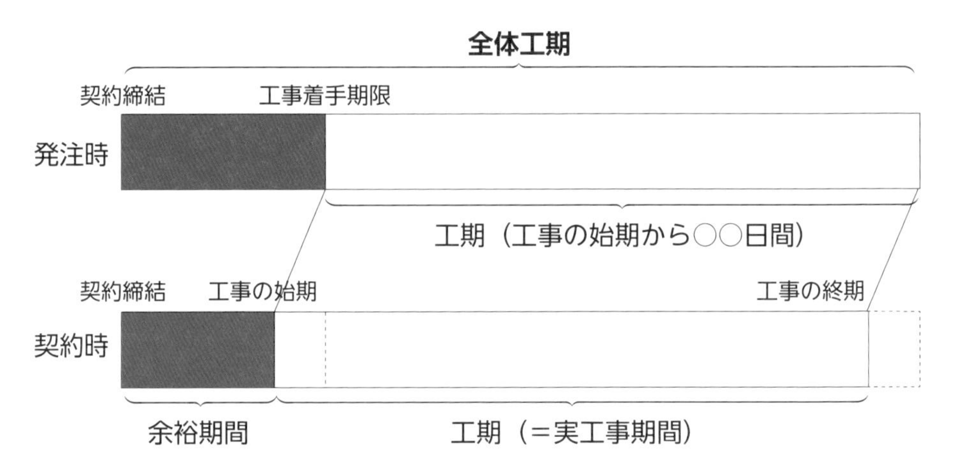

＜フレックス方式＞

❼ 余裕期間制度の活用について，全文

国技建管第１号
平成28年６月17日

各地方整備局　技術調整管理官　殿
北海道開発局　技術管理企画官　殿

大臣官房技術調査課
建設システム管理企画室長

余裕期間制度の活用について

「施工時期等の平準化に向けた計画的な事業執行について」（平成27年12月25日付け国官総第186号，国官会第2855号，国地契第43号，国官技第255号，国営管第355号，国営計第75号，国北予第25号）や「施工時期等の平準化に向けた計画的な事業執行についての運用について」（平成27年12月25日付け国地契第44号，国官技第257号，国営管第356号，国営計第76号，国北予第26号）により，余裕期間制度の設定について通知しているところであるが，この度，更なる余裕期間制度の活用にむけた参考資料として，別添「余裕期間制度の活用について」のとおり定めたので，余裕期間制度の運用における参考にされたい。

平成28年６月
大臣官房技術調査課

余裕期間制度の活用について

1　余裕期間制度とは

余裕期間制度は，契約ごとに，工期の30％を超えず，かつ，４ヶ月を超えない範囲内で余裕期間※1を設定して発注し，工事の始期（工事開始日）もしくは終期（工事完了期限日）を発注者が指定，または，受注者が選択できる制度である。

柔軟な工期の設定等を通じて，受注者が建設資材や建設労働者などが確保できるようにすることで，受注者側の観点から平準化を図ることに資すると考えており，工事の発注において，積極的に活用することとしている。

余裕期間制度には，次の方法がある。

① 発注者が工事の始期を指定する方法（以下「発注者指定方式」という。）

② 発注者が示した工事着手期限までの間で，受注者が工事の始期を選択する方法（以下「任意着手方式」という。）

③ 発注者があらかじめ設定した全体工期（余裕期間と工期をあわせた期間）の内で，受注者が工事の始期と終期を決定する方法（以下「フレックス方式」という。）

※１「余裕期間」：契約期間内であるが，工期外であるため，受注者は監理技術者等の配置が不要であり，工事に着手してはならない期間である。
工事着手以外の工事のための準備は，受注者の裁量で行うことが出来る。

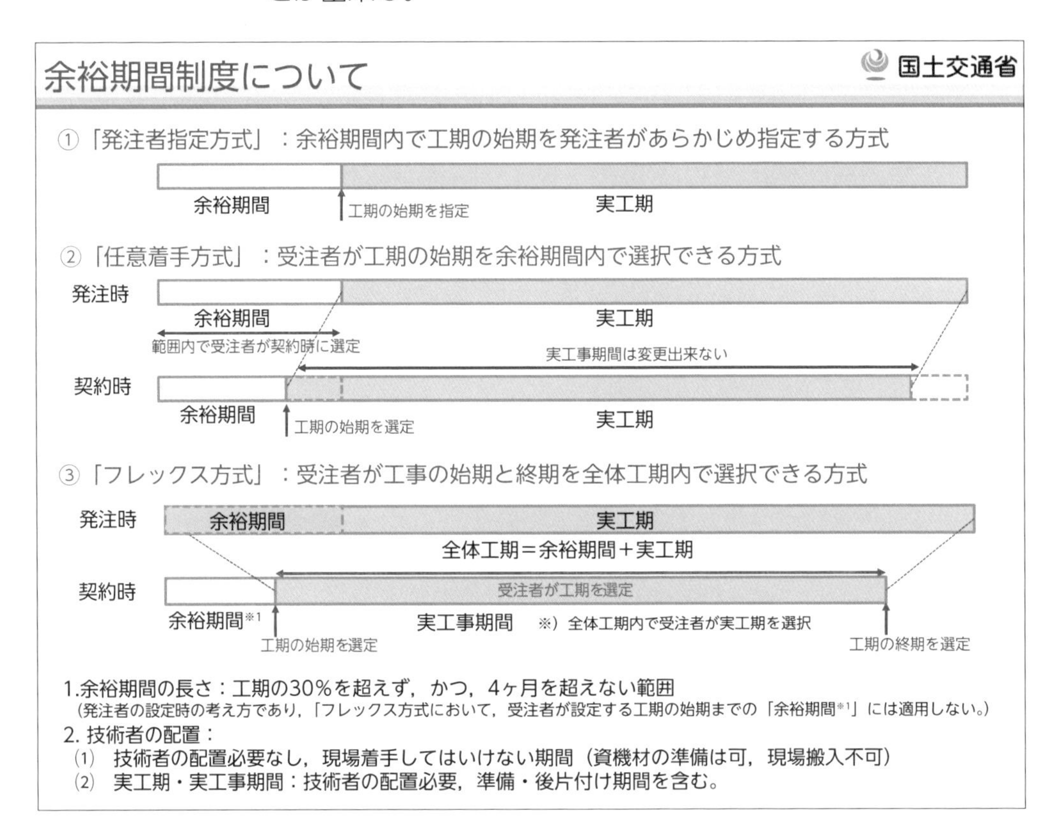

2　余裕期間内の監理技術者配置等について

「監理技術者制度運用マニュアル」三（2）において，監理技術者等の専任期間について，以下のように記載されている。

「監理技術者制度運用マニュアル」【抜粋】
三　監理技術者等の工事現場における専任
（2）監理技術者等の専任期間
　発注者から直接建設工事を請け負った建設業者が，監理技術者等を工事現場に専任で設置すべき期間は，契約工期が基本となるが，たとえ，契約工期中であっても次に掲げる期間については工事現場への専任は要しない。ただし，いずれの場合も，発注者と建設業者の間で次に掲げる期間が設計図書もしくは打合せ記録等の書面により明確となっていることが必要である。
　①　請負契約の締結後，現場施工に着手するまでの期間（現場事務所の設置，資機材の搬入または仮設工事等が開始されるまでの間。）
　②　工事用地等の確保が未了，自然災害の発生又は埋蔵文化財調査等により，工事を全面的に一時中止している期間
　③　橋梁，ポンプ，ゲート，エレベーター等の工場製作を含む工事であって，工場製作のみが行われている期間
　④　工事完成後，検査が終了し（発注者の都合により検査が遅延した場合を除く。），事務手続，後片付け等のみが残っている期間
＜中略＞・・・
　なお，フレックス工期（建設業者が一定の期間内で工事開始日を選択することができ，これが書面により手続き上明確になっている契約方式に係る工期をいう。）を採用する場合には，工事開始日をもって契約工期の開始日とみなし，契約締結日から工事開始日までの期間は，監理技術者等を設置することを要しない。

　ここで，フレックス工期を採用した場合の取り扱いが定められているところであるが，余裕期間を設定した場合においても同様に，工事開始日をもって契約工期の開始日とみなし，契約締結日から工事開始日までの期間（余裕期間）は，監理技術者等を設置することを要しないことに留意する。
　なお，余裕期間内は，監理技術者等を設置しない（工事開始日前）ため，現場着手をしてはならない。
※　【参考】平成27年７月30日付事務連絡（国土交通省土地・建設産業局）「監理技術者制度運用マニュアル」の解釈の明確化について

3　工期について

(1)　発注時の設定（全方式共通）

当該工事の工期を算出し，その工期の30％を超えず，かつ，４ヶ月を超えない範囲内で余裕期間を追加した全体工期日数を算出する。

(2)　当初契約時点の設定

１）「発注者指定方式」

発注者が工事の始期をあらかじめ指定しているため，工事の始期までの間は，余裕期間となる。

２）「任意着手方式」

発注者が示した工事着手期限までの間で受注者が工事の始期を選択し決定する。工期は，受注者が決定した工事の始期から発注者が指定する工事日数を加えたものが工期となる。受注者が決定した工事の始期までの間は，余裕期間となる。

３）「フレックス方式」

発注者があらかじめ設定した全体工期（工事完了期限まで）の内で，受注者が工事の始期と終期を決定する。受注者が決定した工事の始期から終期までが工期となり，受注者が決定した工期の始期までの間が，余裕期間となる。

(3)　工期決定（当初契約）後における工期変更の考え方「フレックス方式」

余裕期間中や工事着手後における工期の変更にあたって，入札公告時点に発注者が示した工事完了期限内における工期の変更については，受注者から変更理由が記載された書面による工期変更協議により変更可能とする。

※　その他の方式は，従来通り

4　余裕期間制度「フレックス方式」の運用について

「フレックス方式」とは，発注者があらかじめ設定した全体工期（余裕期間と工期を合わせた期間）内で，受注者が工事の始期と終期を決定する方式であり，受注者が決めた工期により契約を行う方式である。

受注者による工期の設定は，発注者が示す工事完了期限までに完了する工期設定であれば良い。また，契約後に受注者が工期の変更を希望する場合は，余裕期間及び実工事期間に関わらず，工期変更理由を明示した書面を発注者へ提出することにより変更協議を行うものとする。なお，発注者が示す工事完了期限を超えて工期の延長が必要な場合には，従来どおり設計変更審査会等によりその必要性を判断の上，決定するものとする。

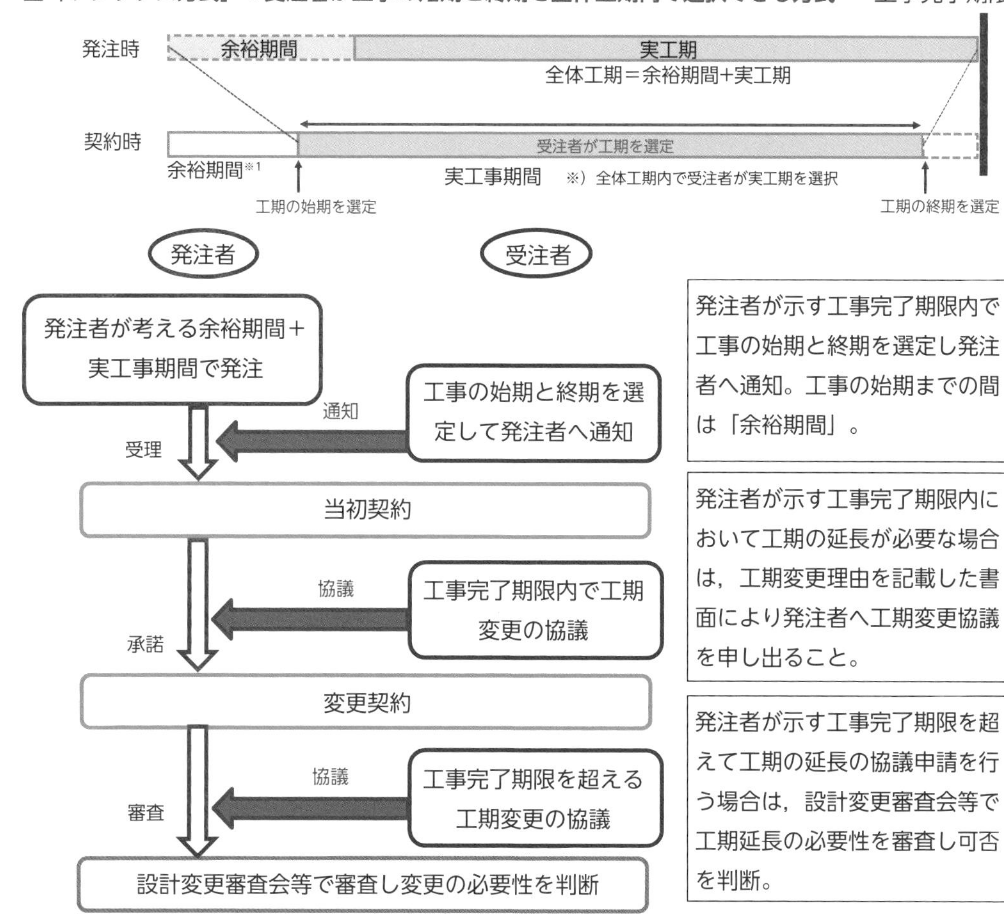

5 その他

(1) 余裕期間制度に関連する通知等

【余裕期間制度】

① 官房長通知

「施工時期等の平準化に向けた計画的な事業執行について」

（平成27年12月25日付け国官総第186号，国官会第2855号，国地契第43号，国官技第255号，国営管第355号，国営計第75号，国北予第25号）

② 課長通知

「施工時期等の平準化に向けた計画的な事業執行についての運用について」

（平成27年12月25日付け国地契第44号，国官技第257号，国営管第356号，国営計第76号，国北予第26号）

③　事務連絡（入札説明書及び特記仕様書）

「余裕期間制度を活用した工事の入札説明書及び特記仕様書の記載例等について」

（平成27年12月25日付け事務連絡（大臣官房技術調査課事業評価・保全企画官 他）

なお，特記仕様書の記載は，別添を参考に記載すること。

【監理技術者制度】

①　通知

「監理技術者制度運用マニュアルについて」

平成16年３月１日付け国総建第315号，最終改正平成28年12月25日付け国土建第349号（国土交通省土地・建設産業局）

②　事務連絡

「監理技術者制度運用マニュアル」の解釈の明確化について

平成27年７月30日付け事務連絡（国土交通省土地・建設産業局）

（別添）特記仕様書記載例（※青字は解説）

第○条　主任技術者等の専任期間（特記仕様書作成要領の記載例を以下に変更する）

1．契約締結日の翌日から工事の始期までの期間については，主任技術者又は監理技術者の設置を要しない。

2．契約締結日の翌日から現場施工に着手するまでの期間（現場事務所の設置，資機材の搬入又は仮設工事等が開始されるまでの期間）については，発注者と受注者の間で書面により明確にした場合に限って，主任技術者又は監理技術者の工事現場での専任を要しない。

3．工事完成後，検査が終了し（発注者の都合により検査が遅延した場合を除く。），事務手続後，後片付け等のみが残っている期間については，発注者と受注者の間で書面により明確にした場合に限って，主任技術者又は監理技術者の工事現場での専任を要しない。なお，検査が終了した日は，発注者が工事の完成を確認した旨，受注者に通知した日（例：「完成通知書」等における日付）とする。

第○条　工期

【発注者指定方式の場合に記載】

本工事は，受注者の円滑な工事施工体制の確保を図るため，事前に建設資材，労働者確保等の準備を行うことができる余裕期間を設定した工事である。

余裕期間内は，主任技術者又は監理技術者を設置することを要しない。また，現場に搬入しない資材等の準備を行うことができるが，資材の搬入，仮設物の設置等，工事の着手を行ってはならない。なお，余裕期間内に行う準備は受注者の責により行うものとする。

工　期：平成■■年■■月■■日から平成●●年●●月●●日まで

↑※発注者が指定する工事の始期及び終期を記載。

（余裕期間：契約締結日の翌日から平成▲▲年▲▲月▲▲日まで）

※　契約締結後において，余裕期間内に受注者の準備が整った場合は，監督職員と協議の上，工期に係る契約を変更することにより，工事に着手することができるものとする。

なお，低入札価格調査等により，上記の工事の始期以降に契約締結となった場合には，余裕期間は適用しない。

【任意着手方式の場合に記載】

本工事は，受注者の円滑な工事施工体制の確保を図るため，事前に建設資材，労働者確保等の準備を行うことができる余裕期間を設定した工事であり，発注者が示した工事着手期限までの間で，受注者は工事の始期を任意に設定することができる。なお，受注者は，契約を締結するまでの間に，別記様式○により，工事の始期を通知すること。

余裕期間内は，主任技術者又は監理技術者を設置することを要しない。また，現場に搬入しない資材等の準備を行うことができるが，資材の搬入，仮設物の設置等，工事の着手を行ってはならない。なお，余裕期間内に行う準備は受注者の責により行うものとする。

工　期：工事の始期から●●●日間

↑※発注者が指定する実工事期間を記載。

（但し，平成■■年■■月■■日（工事着手期限）までに工事を開始すること）

↑※工事を開始しなければならない最終日を記載

※　契約締結後において，工事の始期の変更の必要が生じた場合は，監督職員と協議の上，工期に係る契約を変更することにより，工事に着手することができるものとする。

なお，低入札価格調査等により，上記の工事着手期限以降に契約締結となった場合には，余裕期間を設定することはできず，工事着手期限から●●●日間で工事を完了させること。

【フレックス方式の場合に記載】

本工事は，受注者の円滑な工事施工体制の確保を図るため，事前に建設資材，労働者確保等の準備を行うことができる余裕期間と実工事期間を合わせた全体工期を設定した工事であり，発注者が示した工事完了期限までの間で，受注者は工事の始期及び終期を任意に設定できる。なお，契約を締結するまでの間に，別記様式○により，工事の始期及び終期を通知すること。

工事の始期までの余裕期間内は，主任技術者又は監理技術者を設置することを要しない。また，現場に搬入しない資材等の準備を行うことができるが，資材の搬入や仮設物の設置等，工事の着手を行ってはならない。なお，余裕期間内に行う準備は受注者の責により行うものとする。

全体工期：契約締結日の翌日から平成●●年●●月●●日（工事完了期限）まで

※↑発注者が指定する工事完了期限を記載。

※　工事完了期限内における工期の変更については，受注者から変更理由が記載された書面による工期変更協議により変更可能とする。

第○条　CORINSへの登録（以下を追加する）

○．技術者の従事期間は，工期をもって登録するものとする。<u>（余裕期間を含まないことに留意するものとする。）</u>

❽ 国土交通省所管事業の執行における円滑な発注及び施工体制の確保に向けた具体的対策について，全文

国 地 契 第 2 5 号
国 官 技 第 2 3 4 号
国 北 予 第 2 5 号
令和元年10月21日

各地方整備局　総 務 部 長　殿
　　　　　　　企 画 部 長　殿
北海道開発局　事業振興部長　殿

大 臣 官 房 地 方 課 長
大臣官房技術調査課長
北 海 道 局 予 算 課 長

国土交通省所管事業の執行における円滑な発注及び施工体制の確保に向けた具体的対策について

国土交通省所管事業の執行については，「平成31年度国土交通省所管事業の執行について」(平成31年３月29日付け国会公第242号)，「平成31年度における国土交通省直轄事業の入札及び契約に関する事務の執行について」(平成31年３月29日付け国官総第365号，国官会第23715号，国地契第64号，国官技第432号，国営管第449号，国営計第162号，国北予第58号)，「国土交通省所管事業の執行における一層円滑な発注及び施工体制の確保について」(平成31年２月８日付け国地契第45号，国官技第338号，国営管第353号，国営計第144号，国北予第48号）等により，円滑な発注及び施工体制の確保が図られているところである。

一方，令和元年台風第19号により東北，関東，北陸の各地方整備局管内を中心に甚大な被害が発生し，「台風19号による災害復旧工事等に係る入札・契約手続等について」(令和元年10月15日付け国地契第18号，国官技第218号，国営計第61号，国港総第323号，国港技第53号，国空予管第434号，国空空技第287号，国空交企第205号，国北予第23号）等の通達を発出したところであるが，このほかにも，８月の九州北部豪雨，台風第15号など，本年も全国各地で災害が頻発している。また，本年６月14日には「公共工事の品質確保の促進に関する法律の一部を改正する法律」が施行されており，災害対応を含め，本年度下半期以降の事業執行に万全を期すため，具体的な施工確保対策について別紙のとおりとりまとめたので，適切に対応されたい。

別紙

施工確保対策について

1．全般

工事や業務の発注にあたっては，発注者間の一層の連携に努めるとともに，地域の建設業者や必要に応じて測量業者・地質調査業者・コンサルタント業者の実情を的確に把握すること。その上で，以降に掲げる事項を参考にしつつ，円滑な発注及び施工体制の確保を図ること。

2．今後の競争入札案件への対応

今後，競争入札に付す工事・業務の案件については，以下に掲げる事項を参考にして，円滑な発注及び施工体制の確保を図ること。

(1)　入札・契約に係る取組

①　総合評価落札方式の適切な運用と技術評価点の加算点の適切な設定等

・総合評価落札方式の実施に際しては，総合評価ガイドライン等に基づき，工事内容，規模，要求要件等に応じて，類型の選定や評価項目・配点の設定等を適切に実施する。

・総合評価落札方式の実施に際しては，総合評価ガイドライン等において，施工能力評価型では，企業・技術者の能力等を評価項目として過去一定期間の工事成績及び表彰を設定することとなっているが，十分な技術力を持つにも関わらず評価対象となる実績を持たない企業や技術者に対しても受注機会が拡大されるよう，工事規模・地域の実情等に応じて，実績等にとらわれない評価項目の設定に努める。

＜評価項目の設定の例＞

- 競争参加資格の確認や総合評価項目の評価において，技術者の能力等の要件を緩和する（技術者の能力等の要件を求めないことも含む）。
- 維持修繕工事等，調達環境が厳しい工事の受注者については，次回以降の総合評価時に加点評価を行う。
- 各地方整備局等で試行されているチャンス拡大方式（施工計画のみでの評価等）を活用する。

② 適切な規模・内容での発注

・地域企業の活用に留意しつつ適切な規模での発注による技術者等の効率的な活用を図ること。なお，中小建設業者等の受注機会の確保を図るため，政府調達協定の対象工事を除く大規模な工事について，工事難易度が低いものについては，上位等級工事への参入の拡大を積極的に推進する。

<適切な規模・内容での発注の例>
- 発注ロットを拡大する（分任官特例の検討や上位等級工事への参入拡大を含む）。
- （県外企業の活用も含め）地域要件を緩和する。
- 河川事業と道路事業など，複数の事業の工事を組み合わせて発注する。

③ 入札方式等の取扱い

・地域の実情や工事の特性を踏まえ，指名競争入札の実施により早期着手等の観点から大きな効果が見込まれる工事等については，指名競争入札方式により実施しても差し支えない。

※ 地域の建設業者の実情を的確に把握した上で，工事受注者の偏在などの弊害が生じないよう，一括審査方式等も含めて実施メニューの組合せを検討すること。

(2) 設計・積算に係る取組

① 見積の積極活用等

・調達環境の厳しい工種や建設資材について，当初発注から積極的に見積を活用して積算するなど，適正な予定価格を設定する。

・調達環境の厳しい工種や建設資材は，特別調査や見積の徴収等により設定した歩掛や単価は，公表する。

<当分の間，配慮が必要な工種等>
- 河川維持工（伐木除根工）
- 砂防工（コンクリート工，鋼製砂防工，仮設備工等）
- 電源設備工（発電設備設置工，無停電電源設備設置工）
- その他，過去に同一地域で不調・不落になった工事と同種及び類似工事

<当分の間，配慮が必要な建設資材>
- 鋼矢板
- 高力ボルト
- 生コンクリート

②　適切な設計変更

・通常の設計変更に加え，厳しい施工条件を踏まえ，設計変更の対象とする経費や工種等を入札公告時に明示し，適切に設計変更を行う。

＜設計変更の対象とする経費の例＞
- 遠隔地からの建設資材調達に係る購入費・輸送費
- 遠隔地からの労働者確保に要する労務管理費・交通費・宿泊費等
- 資機材置き場の確保が困難な工事における運搬費
- 交通集中が見られる地域における安全費
- 現場事務所等の借上げに要する費用が多大となる地域における営繕費

＜設計変更の対象とする工種等の例＞
- ブロック工の不足する地域における間知ブロック張工
- 河川維持工（伐木除根工）
- 砂防工（コンクリート工，鋼製砂防工，仮設備工等）
- 電源設備工（発電設備設置工，無停電電源設備設置工）
- その他，過去に同一地域で不調・不落になった工事と同種及び類似工事

③　施工箇所が点在する工事の間接費の積算

・建設機械を複数箇所に運搬したり，交通規制等が複数箇所で発生したりするなど，異なる施工箇所として見なすことが適当と考えられる場合には，共通仮設費，現場管理費を箇所毎に算出する。

④　適切な工期設定

・余裕期間制度を原則活用する。なお，当分の運用として，余裕期間は，契約ごとに原則６ヶ月を超えない範囲内で設定できるものとする。この場合において，余裕期間をいたずらに長期間設定することで，事業の全体工程の遅延や工期の終期が年度末となる工事の過度な増加（施工時期の偏在）が生じないよう，配慮すること。また，６ヶ月を超えての余裕期間を設定する必要がある場合には，大臣官房技術調査課（建設システム管理企画室）へ協議されたい。

・施工箇所が点在する工事において，箇所毎の施工体制ではなく，いわゆる１班体制による施工を前提とした工期設定を基本とする。この場合，技術者を無用に長期間拘束しないよう，余裕期間制度を活用し，前倒し竣工を可能とする。

(3) 施工段階における取組

① 監理技術者の途中交代

・受注者の責によらない理由により工期が延長された場合や，工程上一定の区切りと認められる時点においては，監理技術者の途中交代を行うようにするなど，「監理技術者制度の運用等について」（平成28年12月28日付け国官技第246号ほか）及び「令和元年台風第19号による災害発生に伴う直轄工事における監理技術者等の取扱いについて」（令和元年10月18日付け国官技第229号ほか）に基づき，適切な運用を行う。

② 工事書類の簡素化

・各地方整備局等で試行されている工事書類（資料検査に必要な書類）の簡素化の取組を参考にして，事務の効率化を図る。

＜検査時の書類の簡素化の例＞
- 検査時の確認書類を工事品質に関わる資料に限定

3．未契約案件への対応

現時点で不調・不落の発生等により未契約となっている案件については，不調随契の活用等により，迅速な事業執行に努めること。（必要な対策を講じずに再公告を行い，不調・不落を繰り返されることのないよう十分留意すること。）

4．その他

現在契約中の工事・業務についても，本通知の趣旨を踏まえ，適切に対応すること。

なお，本通知の内容については，必要に応じて，適宜見直すものとする。

2-2 週休2日等休日拡大に係る施策

❶ 背景

(1) 建設業は他産業に比べて労働時間が長い。特に，所定内労働時間が長い。これは，休日が少ないことが要因（第１章 図－３参照）。

(2) 休日の確保は大きな課題であるが，実態として週休２日は確保されていない。

１）日建連調査においては，４週８休を実施している現場は全体の１割程度。

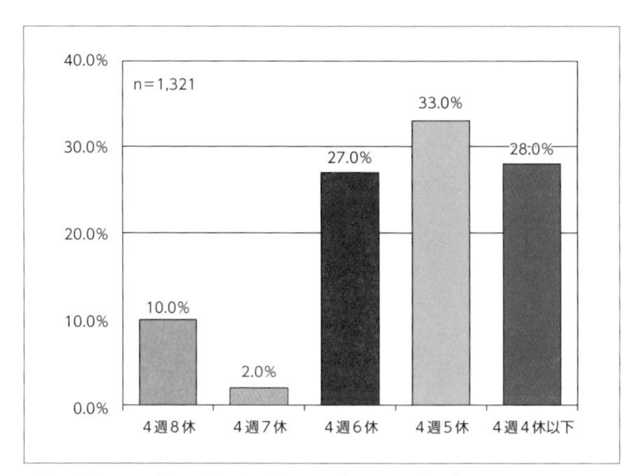

【図－2】現場の休日取得状況（H30年度アンケート調査）

２）日建協調査においても，４週８休を確保できている工事は１割以下。

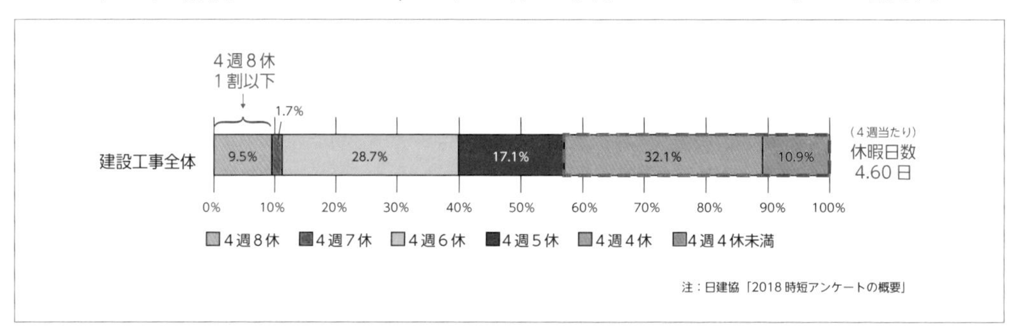

【図－3】建設業における休日の状況

⑶　日建連の調査では工事当初から４週８休での設定ができているのは13%であった。

質問１　工事開始時の休日設定

・工事開始時に４週４休しか休日を確保できない現場が全体の約３割を占める（29%（H30），43%（H29））

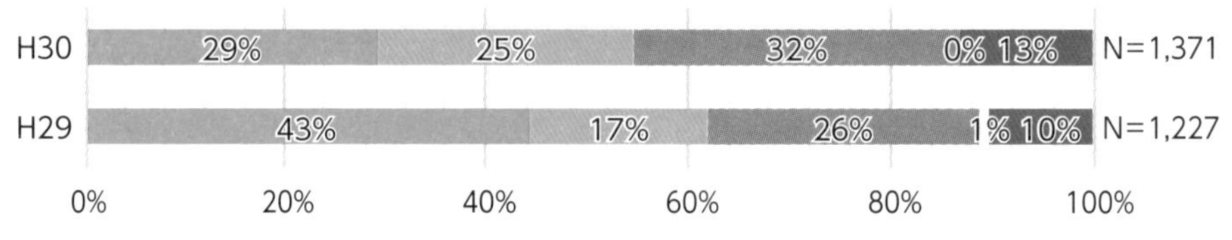

質問2　設定した休日の取得状況

・工事開始時に4週6休以上で休日設定した現場でも，計画通りに休日を取得できた割合は6割程度（62%（H30），33%（H29））である。

■1．できた　■2．できなかった

質問3　設定通りの休日が取れなかった理由（複数回答あり）

・設定通りの休日が取れなかった理由は，「予定通り進まず」が最も多く，62%。

1．想定した工種が予定通り進まずに工期が厳しくなったため
2．設計図書と施工条件の相違、設計図書の変更等による遅れを取り戻すため
3．何が起こるかわからないので、早めに工程を進めバッファを確保するため
4．関連工事や用地買収等の協議未了による遅れを取り戻すため
5．天候不順・自然災害等による遅れを取り戻すため
6．材料供給・人員の不足・機械トラブル等による遅れ
7．追加工事の指示
8．発注者からの工期短縮要求
9．下請け業者や作業員からの休日作業の要望
10．その他

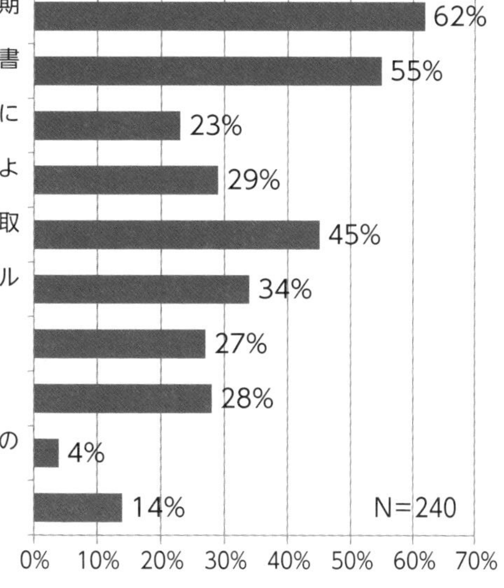

＜アンケート調査の概要＞

・調査対象：日建連 公共積算委員会構成会社41社

（出典：公共工事の諸課題に関する意見交換会意見を交換するテーマ 参考資料，一般社団法人 日本建設業連合会，2019年5月より作成）

(4) 国土交通省の直轄工事において平成26年度から週休2日を確保するモデル工事（週2日現場を閉所）を実施している。

当該工事の受注者へのアンケートでは，

・週休2日実施の効果として，作業効率の向上，安全健康面の改善，家族サービスの実施等が挙げられる。

・一方，工期へのしわ寄せ，経費の増加，作業員の収入源等の課題が挙げられる。

週休２日制の取り組みを実施した受注者（実施中も含む）へのアンケート　回答数：59社

好　意　見	課　　題
【労働者への効果】 ①労働時間が減って，作業効率が少し上がった ②疲れが減り，普段より安全に施工が出来た ③労働者によって休日確保がしやすい ④休みが増えることに関する賛成の意見が多数あった ⑤休みが増えることで，心にゆとりが出来，体調面も比較的に楽になった ⑥休むことにより仕事に対する意欲が増した ⑦現場従業者の疲れが取れて精神的に良い ⑧家族サービス，子育て等の時間が増えて喜ばれた ⑨将来的な担い手確保の為には，週休２日は必要 **【その他の効果】** ⑩一般車両・近隣住民・店舗等の負担が減り，苦情・事故等の防止につながった ⑪近隣住民から喜ばれた	**【発注時の問題】** ①工期が厳しい ②予期せぬ雨天等により工期が足りなくなる懸念 **【会社の利益の問題】** ③１日でも早く完成した方が会社の利益になる ④工期が延びると経費が嵩む（リース機械等） **【労働者の問題】** ⑤作業員等が土曜日の作業を望んでいる ⑥残業が増える ⑦日給作業員が収入減になる ⑧会社の就業規則として土曜日が休みになっていない ⑨土日以外の休暇が取得しづらい ⑩早く工事を終わらせ次の現場に行きたい（稼ぎたい） **【その他の問題】** ⑪当初から休日作業を見込んで工程を計画 ⑫工事の進捗が遅れる ⑬沿道の店舗により，土日施工の要望がある

（出典：参考文献２）より作成）

(5)　国土交通省が行った，直轄工事の元請・下請業者の技術者・技能労働者を対象にした週休２日の取組みに関するアンケートでは，技術者・技能労働者問わず半数以上が完全週休２日または４週８休が望ましいと考えているが，実際は15%程度しかとれていない。

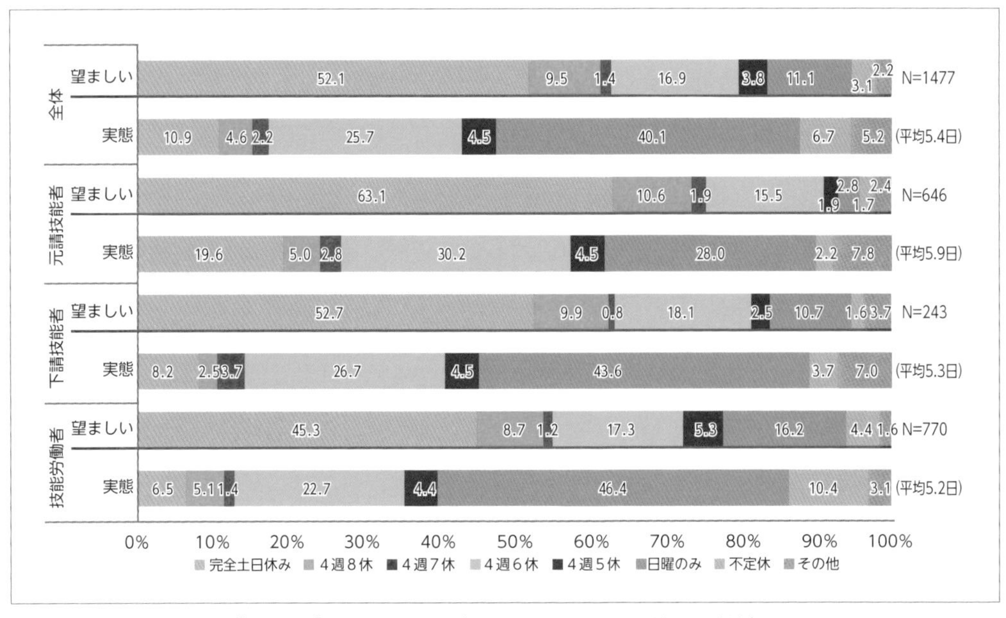

【図－4】休日形態（実態と望ましい休日形態）

<アンケート調査の概要>
○実施期間：平成28年11月28日（月）～平成28年12月7日（水）
○調査方法：地方整備局各事務所を通じて，週休２日モデル工事及び通常工事の受注者に対し依頼し，元請，下請業者の技術者を対象として，特設のWEBページに入力し，回収した。
○総回収数1,562件（うち有効回答数1,477件）回答者平均年齢：約45歳
※週休２日モデル工事対象者：439人，週休２日モデル工事以外の対象者：1,038人

(6) 建設産業においては，適正な工期設定や適切な賃金水準の確保，週休２日の推進等，長時間労働の是正や休日の確保が喫緊の課題となっている。「働き方改革実行計画（平成29年３月28日）」おいても，建設業についての必要な環境整備等が位置付けられた。
(7) 発注者としても，週休２日を実施するために以下の課題解決に向け，環境整備が必要となっている。

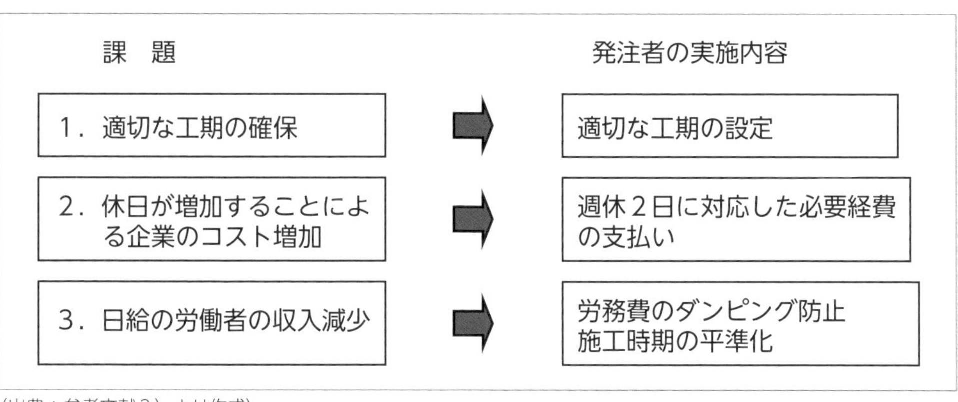

(出典：参考文献3）より作成)

(8) 国土交通省は，平成29年度より以下の具体的取組みを行うこととした。

（1） 適切な工期の設定
－1　工期設定支援システムの活用
……平成29年度より維持工事を除き原則的に全ての工事で適用
－2　準備期間及び後片付け期間の設定見直し……最低限の日数明示
－3　工事工程の受発注者間の共有……平成29年度より全ての工事で適用
－4　余裕期間制度の活用

（2） 企業のコスト増加への対応
－1　週休２日を考慮した間接工事費の改定

（3）労働者の収入減少への対応

－1　施工時期の平準化

－2　低入札価格調査基準の見直し……労務費算入率を100％に

（出典：参考文献３）より作成）

❷ 週休2日等休日拡大に関係通知の概要

(1) 週休２日等休日拡大に関係して，国土交通省から下表の通知等が発出されている。

(2) 通知No.24，No.25は，国土交通省の土木工事発注における工期設定に関する考え方を明示するとともに，工期設定支援システムを活用して工期設定を行うことを求めている。具体的内容は第３章及び第４章で詳述する。

No	名　称	発出者	年月日	文書番号	最終改正	文書番号	文書の趣旨
24	週休２日の推進に向けた適切な工期設定について	大臣官房技術調査課長	平成29年3月28日	国官技第336号			平準化や余裕期間制度に加え，準備・後片付け期間の見直しや工期設定支援システムの活用により適切な工期設定に努めること。
25	週休２日の推進に向けた適切な工期設定の運用について	大臣官房技術調査課建設システム管理企画室長	平成31年3月29日	国技建管第28号	平成29年３月の通知の廃止・制定通知。		上記通知の具体的な運用「土木工事における適切な工期設定の考え方」を通知。
26	国土交通省所管事業の執行における円滑な発注及び施工体制の確保に向けた具体的対策について	大臣官房地方課長，技術調査課長	令和元年10月21日	国地契第２５号，国官技第234号，国北予第25号			災害対応を含め，本年度下半期以降の事業執行に万全を期すための具体的な施工確保対策。
27	工事における週休２日の取得に要する費用の計上について（試行）	大臣官房地方課長，技術調査課長	平成31年3月29日	国地契第72号，国官技第446号			週休2日を実行した場合の積算上の補正を定める通知。平成31年はH30通知の廃止・制定通知。
28	週休２日交替制モデル工事の試行について	大臣官房地方課長，技術調査課長	平成31年3月29日	国地契第70号，国官技第447号			週休２日交替制モデル工事の試行に関する通知。
29	「週休２日交替制モデル工事の試行について」の運用について	大臣官房地方課公共工事契約指導室長，技術調査課建設システム管理企画室長	平成31年3月29日	国地契第69号，国技建管第26号			週休２日交替制モデル工事の費用計上の運用についての通知。

30	予算決算及び会計令第85条の基準の取扱いについて	国土交通省大臣官房長	平成16年6月10日	国官会第367号	平成31年3月26日	国官会第22173号	調査基準価格の運用通知。

(3) 通知No.27は，週休２日を実施した場合の積算における補正を指示するものである。すなわち，週休２日で施工する場合には，現状より工期が長くなり，安全施設類や現場事務所等のリース料の経費のほか，現場の社員等従業員に係る経費が嵩むことになる。そのため，週休２日を実施した場合は，実施した期間に応じて，工期日数の延長に要する経費として，共通仮設費，現場管理費の率を補正するものである。No.28及び29は，交替制による週休２日モデル工事の試行とその際の費用計上方法を定める通知である。

●週休２日の補正係数

○週休２日の実現に向けた環境整備として，現場閉所の状況に応じた労務費，機械経費（賃料），共通仮設費，現場管理費の補正係数を継続

	４週６休	４週７休	４週８休以上
労務費	1.01	1.03	1.05
機械経費（賃料）	1.01	1.03	1.04
共通仮設費率	1.01	1.03	1.04
現場管理費率	1.02	1.04	1.05

●週休２日交替制モデル工事（仮称）の試行

○建設業の働き方改革を推進し，休日確保に向けた環境整備とし，新たな取り組みを試行

【対象工事】

工事内容：維持工事及び施工条件により，土日・祝日等の休日に作業が必要となる工事等

発注方式：新規発注工事は，「受注者希望方式」とする

【積算方法（補正係数）】

・補正対象は，労務費とし，現場に従事した全ての技術者，技能労働者の休日確保状況に応じて変更時に補正する

(出典：平成31年度国土交通省土木工事・業務の積算基準等の改定，平成31年３月12日より作成)

(4) 通知No.30は，平成31年４月１日以降に入札公告を行う工事を対象にした低入札価格調査基準を定めたものである。平成29年度以来，週休２日等

休日拡大に向けた取り組みの一環としても見直しが実施されている。

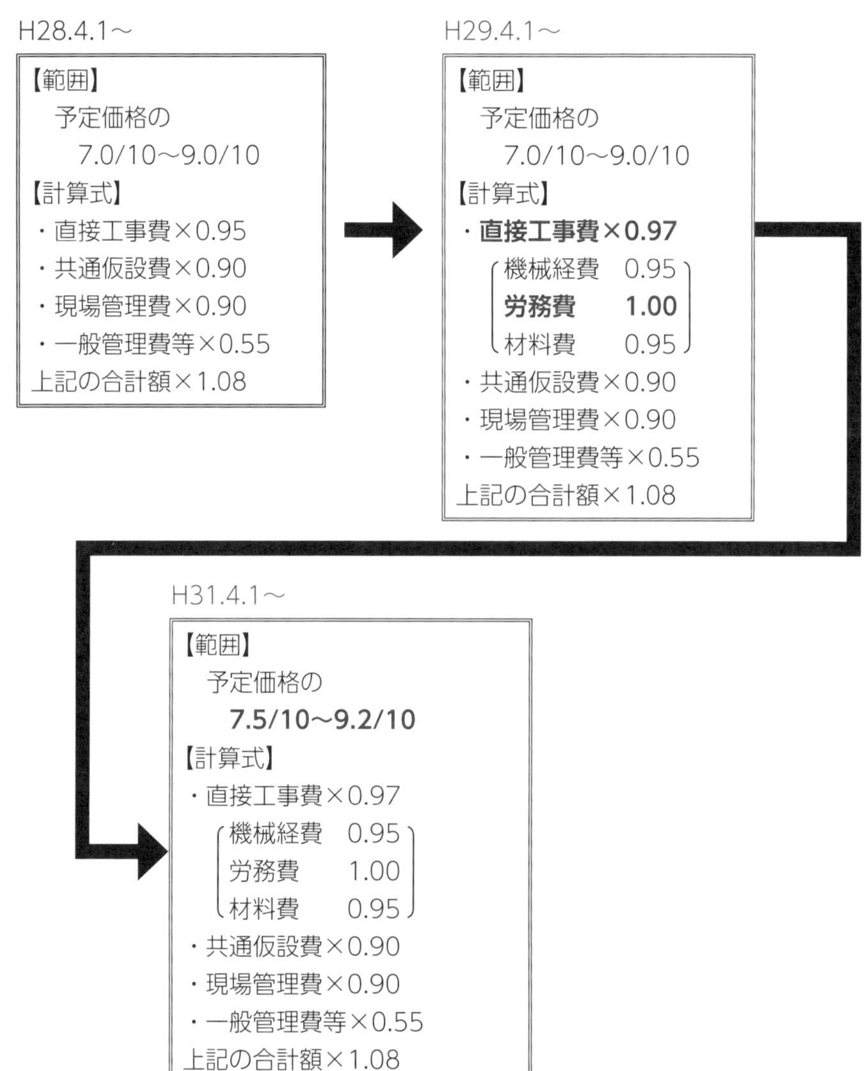

❸ 工事における週休２日の取得に要する費用の計上について（試行）

国 地 契 第 7 2 号
国 官 技 第446号
平成31年３月29日

各地方整備局　総 務 部 長
　　　　　　　企 画 部 長　あて
北海道開発局　事業振興部長

大臣官房　地 方 課 長
技術調査課長

「工事における週休２日の取得に要する費用の計上」について（試行）

建設業の働き方改革を推進する観点から，「工事における週休２日の取得に要する費用の計上について（試行）」（平成30年３月20日付け国地契第69号，国官技第301号）により，週休２日の確保にあたって必要となる費用の計上を行っているところであるが，週休２日工事の取組状況等を踏まえ，2019（平成31）年度以降に発注する週休２日工事について，下記のとおり行うこととしたので通知する。

附　　則

「工事における週休２日の取得に要する費用の計上について（試行）」（平成30年３月20日付け国地契第69号，国官技第301号）は，当該通知文の適用工事が完成した時点をもって廃止する。

記

1．用語の定義

(1)　週休２日

対象期間において，４週８休以上の現場閉所を行ったと認められる状態をいう。

(2)　対象期間

工事着手日から工事完成日までの期間をいう。なお，年末年始６日間，夏季休暇３日間，工場製作のみを実施している期間，工事全体を一時中止している期間のほか，発注者があらかじめ対象外としている内容に該当する期間（受注者の責によらず現場作業を余儀なくされる期間など）は含まない。

⑶　現場閉所

巡回パトロールや保守点検等，現場管理上必要な作業を行う場合を除き，現場事務所での事務作業を含めて１日を通して現場や現場事務所が閉所された状態をいう。

⑷　４週８休以上

対象期間内の現場閉所日数の割合（以下，「現場閉所率」という。）が，28.5％（８日／28日）以上の水準に達する状態をいう。なお，降雨，降雪等による予定外の現場閉所日についても，現場閉所日数に含めるものとする。

２．発注方式

次のいずれかによる方式を基本とする。

⑴　発注者指定方式

発注者が，週休２日に取り組むことを指定する方式

⑵　受注者希望方式

受注者が，工事着手前に，発注者に対して週休２日に取り組む旨を協議したうえで取り組む方式

３．積算方法等

⑴　補正係数

週休２日の確保に取り組む工事において，対象期間中の現場の閉所状況に応じて，以下のとおり，それぞれの経費に補正係数を乗じるものとする。

【４週８休以上】

・労務費　1.05
・機械経費（賃料）　1.04
・共通仮設費率　1.04
・現場管理費率　1.05

【４週７休以上，４週８休未満】

・労務費　1.03
・機械経費（賃料）　1.03
・共通仮設費率　1.03
・現場管理費率　1.04

【４週６休以上，４週７休未満】

・労務費　1.01

・機械経費（賃料） 1.01
・共通仮設費率 1.01
・現場管理費率 1.02

(2) 補正方法

① 発注者指定方式

入札説明書等において週休２日に取り組む旨を明記したうえで，当初予定価格から４週８休以上の達成を前提とした補正係数を各経費に乗じるものとする。

なお，現場閉所の達成状況を確認後，４週８休に満たないものは，補正分を減額変更するとともに，必要に応じ，工事成績評定実施要領に基づく点数を減ずる措置を行うものとする。

② 受注者希望方式

現場閉所の達成状況を確認後，各経費を補正し，適切に請負代金額を変更するものとする。

４．適用

本通達は，2019（平成31）年４月１日以降に入札手続を開始する工事から適用する。

ただし，2019（平成31）年３月31日までに入札手続を開始した工事については，「工事における週休２日の取得に要する費用の計上について（試行）」（平成30年３月20日付け国地契第69号，国官技第301号）による。

（参考文献）
1） 施工時期等の平準化関係資料，国土交通省 HP 技術調査
2） 国土交通省：建設現場の休日拡大に向けて，発注者責任を果たすための今後の建設生産・管理システムのあり方に関する懇談会平成28年度第２回資料３，2016年12月
3） 国土交通省：週休二日等休日の拡大に向けた取組みについて，発注者責任を果たすための今後の建設生産・管理システムのあり方に関する懇談会資料２，2017年３月

第3章 適切な工期設定の考え方

3-1 土木工事における適切な工期設定の考え方

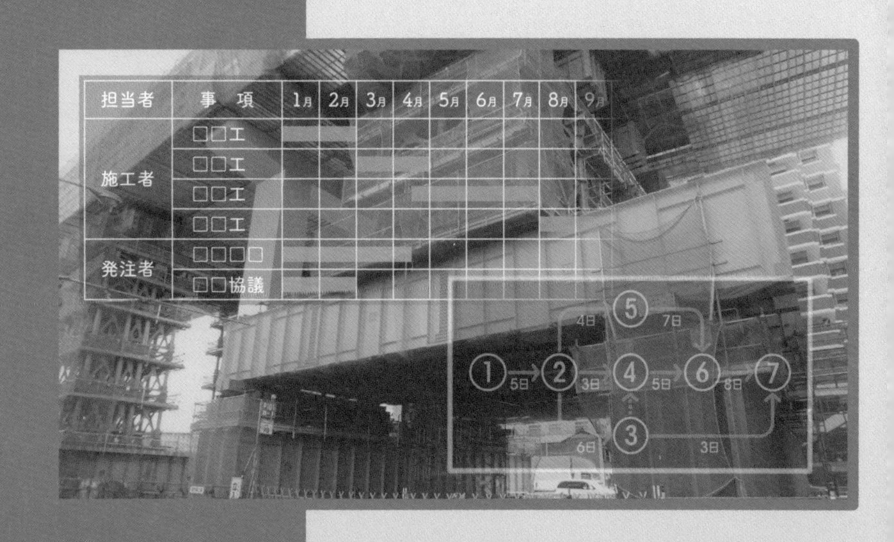

3-1 土木工事における適切な工期設定の考え方

土木工事における工期設定に関しては，これまで基本となる考え方を統一的に通知として国土交通省から発出されたものは無かったが，平成29年３月に以下のとおり通知された。本章では，この通知を中心に記載することとし，具体的な手法や留意事項等を次章で紹介する。

❶ 基本通知

平成29年３月28日，国官技第336号として大臣官房技術調査課長より，各地方整備局　企画部長並びに北海道開発局　事業振興部長宛てに，「週休２日の推進に向けた適切な工期設定について」として，以下を内容とする通知が出された。

> 建設産業においては，適正な工期設定や適切な賃金水準の確保，週休２日の推進等，長時間労働の是正や休日確保に向け必要な環境整備を進めることが必要である。
>
> 今般，働き方改革実現会議（議長：安倍晋三内閣総理大臣）において策定された働き方改革実行計画（平成29年３月28日働き方改革実現会議決定）においても，「建設業については，適正な工期設定や適切な賃金水準の確保，週休２日の推進等の休日確保など，民間も含めた発注者の理解と協力が不可欠であることから，発注者を含めた関係者で構成する協議会を設置するとともに，制度的な対応を含め，時間外労働規制の適用に向けた必要な環境整備を進め，あわせて業界等の取組に対し支援措置を実施する。また，技術者・技能労働者の確保・育成やその活躍を図るため制度的な対応を含めた取組を行うとともに，施工時期の平準化，全面的な ICT の活用，書類の簡素化，中小建設企業への支援等により生産性の向上を進める。」と位置づけられたところである。
>
> これまでも，週休２日対応の工期設定を行っているが，実態との乖離もみられることから，国債等の活用による工期の平準化や余裕期間制度を活用するとともに，準備・後片付け期間の見直しや工期設定支援システムの活用等により，適切な工期の設定に努められたい。

❷ 運用通知

基本通知を受け，同日付けで国技建管第19号により，大臣官房技術調査課建設システム管理企画室長から，各地方整備局技術調整管理官並びに北海道開発局技術管理企画官宛てに，「週休２日の推進に向けた適切な工期設定の運用について」として，以下を内容とする通知が出された。その後，本通知は，平成31年３月29日付け，国技建管第28号「週休２日の推進に向けた適切な工期設定等の運用について」で廃止・制定された。(**以下，本章において「運用通知」**という)

> 建設現場における週休２日を推進するための措置として，「週休２日の推進に向けた適切な工期設定について」(平成29年３月28日付け国官技第336号) が通知されているところである。
>
> 週休２日の実現に当たっては，適切な工期の設定が必要であり，これまで「施工時期等の平準化に向けた計画的な事業執行について」(平成27年12月25日付け国官総第186号，国官会第2855号，国地契第43号，国官技第255号，国営管第355号，国営計第75号，国北予第25号) 及び「施工時期等の平準化に向けた計画的な事業執行についての運用について」(平成27年12月25日付け国地契第44号，国官技第257号，国営管第356号，国営計第76号，国北予第26号) に基づき進めているところであるが，より具体的な運用について別紙のとおり定めたので通知する。
>
> また，工事契約締結後に工事請負契約書における第20条工事の中止及び第21条受注者の請求による工期の延長に該当する場合については，受注者と協議するなど工事着手後においても適切な工期を確保するとともに，一時中止に伴う増加費用等，請負代金額について必要と認められる変更を行うことを改めて周知・徹底するものとする。
>
> 附　　則
>
> 本通知は，2019 (平成31) 年４月１日より適用する。
>
> なお，「週休２日の推進に向けた適切な工期設定の運用について」(平成29年３月28日付け国技建管第19号) は，平成31年３月31日をもって廃止する。

別紙

土木工事における適切な工期設定の考え方

１．工期設定

⑴　用語の定義

【工期】

契約図書に明示した工事を実施するために要する準備及び後片付け期間を含めた始期日から終期日までの期間をいう。

【工事着手】

工事開始日以降の実際の工事のための準備工事（現場事務所等の設置または測量をいう。），詳細設計付工事における詳細設計又は工場製作を含む工事における工場製作工のいずれかに着手することをいう。

【施工に必要な実日数】

種別・細別毎の日当り施工量と積算数量，施工の諸条件（施工パーティ数，施工時間など）により算出される実働日数のことをいう。

【不稼働日】

休日（土日，祝日，年末年始休暇及び夏期休暇），降雨日，降雪期，出水期等の作業不能日や現場状況（地形的な特性，地元関係者や関係機関との協議状況，関連工事等の進捗状況等）により必要な日数をいう。

【後片付け期間】

工事の完成に際して，受注者の機器，余剰資材，残骸及び各種の仮設物を片付けかつ撤去し，現場及び工事にかかる部分の清掃等に要する期間をいう。

【雨休率】

休日（土日，祝日，年末年始休暇及び夏期休暇）と降雨日等の年間の発生率をいう。

＜参考＞

【全体工期（＝契約期間）】

余裕期間と工期を合わせた期間をいう。

【余裕期間】

契約毎に，工期の40%を超えず，かつ，5ヶ月を超えない範囲内で期間を設定。

期間内は，工事に着手してはならない期間であり，受注者は監理技術者・現場代理人等の配置が不要である。工事着手以外の工事のための準備は，受注者の裁量で行うことが出来る。

(2) 工期の設定

① 準備期間

工事着手に要する期間（準備期間）は，主たる工種区分毎に下表に示す期間を最低限必要な日数とし，工事規模や地域の状況等に応じて設定※1, 2するものとする。

次表に記載がない工種区分については，**最低30日**を最低必要日数として工事内容に合わせて設定することを基本とする。

工種	準備期間	工種	準備期間
河川工事	40日	舗装工事（修繕）	60日
河川・道路構造物工事	40日	共同溝等工事	80日
海岸工事	40日	トンネル工事	80日
道路改良工事	40日	砂防・地すべり等工事	30日
鋼橋架設工事	90日	道路維持工事※1	50日
PC 橋工事	70日	河川維持工事※1	30日
橋梁保全工事	60日	電線共同溝工事	90日
舗装工事（新設）	50日	ダム工事※2	90日

※1　通年維持工事は除く
※2　ダム本体工事を含む工事に限る

② 施工に必要な実日数

施工に必要な実日数は，毎年度設定される「作業日当り標準作業量について」に示す歩掛の作業日当り標準作業量から当該工事の数量を施工するのに必要な日数を算出するものとする。

その際，パーティ数は基本1パーティで設定することとするが，工事全体の施工の効率性や完成時期などの外的要因も考慮のうえ，パーティ数を変更して良いものとする。

③　雨休率

休日と降雨降雪日の年間の発生率を設定するものとする。（暴風等の気象における地域の実情を考慮しても良い。）

休日は，土日，祝日，年末年始休暇（６日）及び夏期休暇（３日）とするものとする。

降雨降雪日は，１日の降雨・降雪量が10mm以上／日の日とし，過去５カ年の気象庁のデータより年間の平均発生日数を算出するものとする。

休日と降雨降雪日の年間の日数を算出し，雨休率を設定するものとする。

降雨降雪日は，地域による気象の差があることから，地域毎に設定することが望ましいが，地域毎に雨休率の算出が困難な場合は，「0.7」※を使用して算出して良いものとする。

※「0.7」：東京の過去５カ年（平成25年～平成29年）の平均値より算出

雨休率を見込んだ不稼働日数の算出方法
例：不稼働日数＝施工に必要な実日数（100日）×　雨休率0.7
　　　　　　　＝　70日

④　その他の不稼働日

休日及び降雨・降雪日以外の不稼働日数には，次のことを考慮するものとする。

ア）工事の性格の考慮

工事を行うにあたっては，その工事特有の条件があるが，その条件によっては，その条件を考慮した工期設定を行う必要があり，その条件に伴う日数を必要に応じて加算するものとする。

イ）地域の実情の考慮

工事を行う地域によっては，何らかの理由（例：地域の祭りなど）により施工出来ない期間等がある場合は，それに伴う日数を必要に応じて加算するものとする。

ウ）その他

上記ア），イ）以外の事情がある場合は，適切に見込むものとする。

⑤ 後片付け期間

後片付け期間は，工種区分毎に大きな差が見受けられないことから，**20日**を最低限必要な日数とし，工事規模や地域の状況等に応じて設定※するものとする。

※通年維持工事は除く

⑥ 工期設定日数の確認

上記①～⑤により設定した日数の合計日数をこれまでの同種類似工事の実際にかかった工期と比べることにより，工期日数の妥当性を確認するものとする。

工期日数の妥当性は，「工期設定支援システム」等を活用して確認するものとする。なお，工期設定支援システムを適用出来ない工事等においては，「3．工種区分の直轄工事費と実工期の相関分布」を参考に確認して良いものとする。

また，実績値より－10％以上乖離した場合は，十分に確認しなければならない。ただし，土木工事においては，その地域や箇所の特性等から工種や工事金額規模が同じであっても，必ずしも必要な工期が同じになるとは限らないことに注意するものとする。

⑦ 工期設定の条件明示

設定された工期に特記事項がある場合には，特記仕様書において，その条件を明示するものとする。

例）・工事の性格，地域の実情，自然条件等で日数を見込んだ場合
・その他，特記すべき事項がある場合

⑧ 工期設定支援システムの活用

工期の設定にあたっては，原則として「工期設定支援システム」を活用するものとする。

ただし，維持工事や緊急対応工事等の工期が，予め決められているものや標準的な作業ではない工事，システムを活用した工期が実態と合わないと想定されるものについては，この限りではない。

2．工事工程クリティカルパスの共有

土木工事は，気象条件，地形条件，地域条件等の異なる状況下で現場において実施されるものである。そのため，当初想定した条件下での工程が，当初予期し得なかった種々の要因により遅れが生じたり，中断が必要になったりすることがある。

そのうち，受注者の責によらない場合は，受発注者間で協議のうえ，適切に必要な日数を延期する必要がある。協議を円滑に実施するため，原則全ての工事において，工事工程クリティカルパスを受発注者間で共有し，工程に影響する事項がある場合には，その事項の処理対応者を明確にするものとする。

ただし，維持工事など全体工期に影響のない工事は，この限りではない。

⑴　工事工程クリティカルパスの共有方法

円滑な協議を行うため，施工当初（準備期間内）において工事工程（特にクリティカルパス）と関連する案件の処理期限等（誰がいつまでに処理し，どの作業と関連するのか）について，受発注者で共有するものとする。

工事工程は，発注時の設計図書や発注者から明示される事項を踏まえ，受注者が作成することとし，その旨，特記仕様書等に明示するものとする。

工事工程の共有にあたっては，必要に応じて下請け業者（専門工事業者等の技術者等）も含めるなど，共有する工程が現場実態にあったものとなるよう配慮するものとする。

⑵　工事工程クリティカルパスの変更が生じた場合の措置

工程に変更が生じた場合には，その要因と変更後の工事工程について受発注者間で共有するものとする。

工程の変更理由が，以下①～⑤に示すような受注者の責に寄らない場合は，適切に工期の変更を行うものとする。

①　受発注者間で協議した工事工程の条件に変更が生じた場合
②　著しい悪天候により作業不稼働日が多く発生した場合
③　工事中止や工事一部中止により全体工程に影響が生じた場合
④　資機材や労働需要のひっ迫により，全体工程に影響が生じた場合
⑤　その他特別な事情により全体工程に影響が生じた場合

3．工種区分の直轄工事費と実工期の相関分布

以下は，運用通知の「別紙　土木工事における適切な工期設定の考え方」に「3．工種区分の直轄工事費と実工期の相関分布」として示されているものである。各工種の過去5年間（平成21年から平成25年）の竣工工事を統計処理した工事費と工期の関係並びに標準工期として試算するための算定式が示されている。運用通知にもあるとおり，この算定式を用いて算出した工期がこれまでの実績の平均日数であり，この日数を参考に算出した工期の確認を行うこととなる。

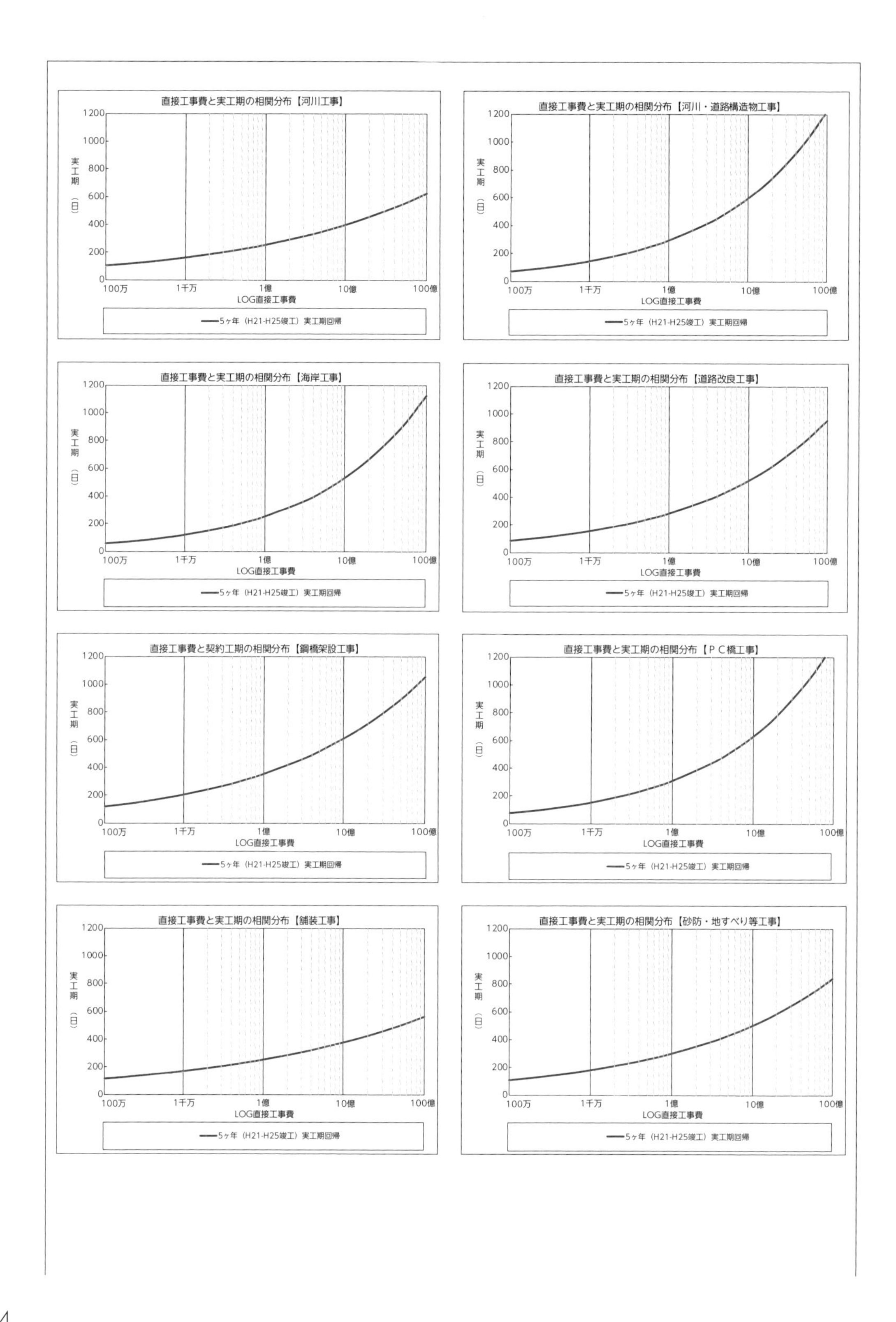
直接工事費と実工期の相関分布【河川工事】
直接工事費と実工期の相関分布【河川・道路構造物工事】
直接工事費と実工期の相関分布【海岸工事】
直接工事費と実工期の相関分布【道路改良工事】
直接工事費と契約工期の相関分布【鋼橋架設工事】
直接工事費と実工期の相関分布【ＰＣ橋工事】
直接工事費と実工期の相関分布【舗装工事】
直接工事費と実工期の相関分布【砂防・地すべり等工事】
実工期（日）
0
200
400
600
800
1000
1200
100万
1千万
1億
10億
100億
LOG直接工事費
5ヶ年（H21-H25竣工）実工期回帰

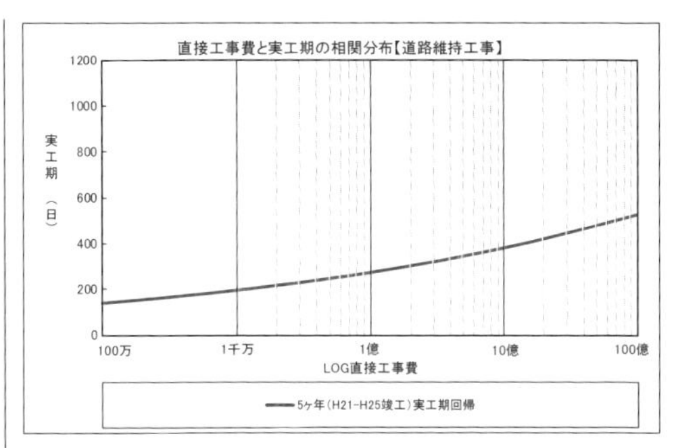

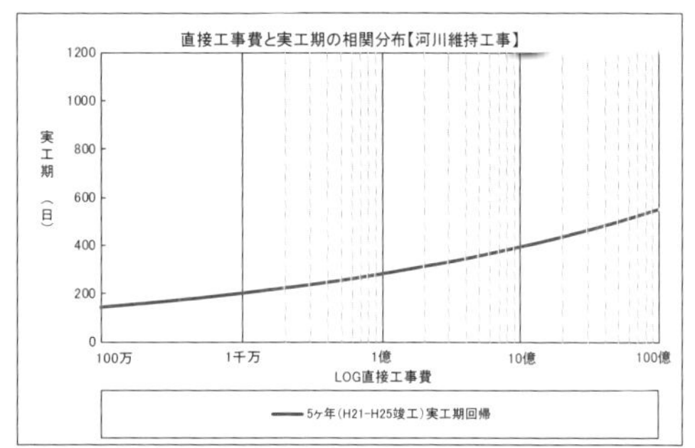

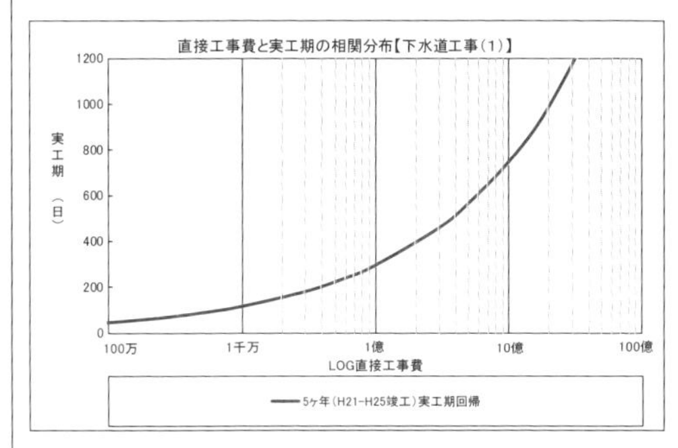

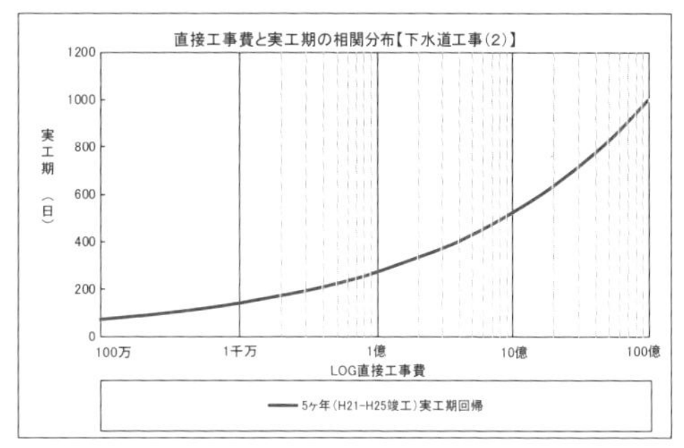

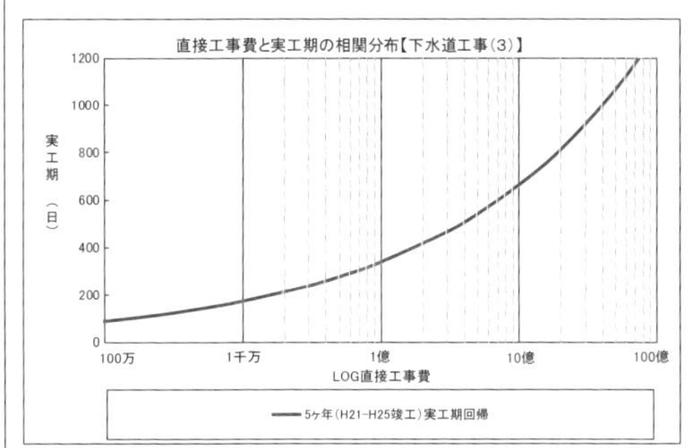

【標準工期試算式（参考値）】

$T = A \times P^b$

T　：　工期

P　：　直接工事費

A，b　：　係数（右表による）

工種	A	b
河川工事	6.5	0.1981
河川・道路構造物工事	1.0	0.3102
海岸工事	0.6	0.3265
道路改良工事	2.2	0.2637
鋼橋架設工事	4.5	0.2373
ＰＣ橋工事	0.9	0.3154
舗装工事	9.9	0.1753
砂防・地すべり等工事	4.6	0.2263
道路維持工事	19.9	0.1422
河川維持工事	20.1	0.1436
下水道工事(1)	0.2	0.4044
下水道工事(2)	1.5	0.2817
下水道工事(3)	1.5	0.2934

参考　施工時期等の平準化に向けた計画的な事業執行について

以下は，運用通知に **参考** として添付されたもので，工期に関する部分が抜粋されているものである。

参考

【平成27年12月25日付け官房長通知「施工時期等の平準化に向けた計画的な事業執行について」より】

２　適切な工期の設定

工期については，工事の性格，地域の実情，自然条件，建設労働者の休日等による不稼働日等を踏まえ，特に以下に留意のうえ，工事施工に必要な日数を確保するなど適切に設定すること。

（１）　同工種の過去の類似実績を参考に，必要な日数を見込むこと。

（２）　降雪期については，作業不能日が多いなど工事に要する期間が通常より長期になることから，必要な日数を見込むこと。

（３）　年度末にかかる工事を変更する際には，年度内完了に固執することなく，必要な日数を見込むこと。

【平成27年12月25日付け課長通知「施工時期等の平準化に向けた計画的な事業執行についての運用について」より】

１　適切な工期の設定について

官房長通達記２の適切な工期の設定に当たっては，次により実施するものとする。

（１）「工期」とは，工事を実施するために要する期間で，準備期間と後片付け期間を含めた実工事期間であること。

（２）官房長通達記２の工期の設定に当たっては，具体的には，休日（土日，祝日，年末年始休暇及び夏期休暇），降雨日，降雪期，出水期等の作業不能日数，現場状況（地形的な特性，地元関係者や関係機関との協議状況，関連工事等の進捗状況等）により必要な日数を見込むこと。

（３）（２）により算出した日数が，過去に施工した同種工事の日数の状況と比較して著しく乖離がある場合は，現場状況等当該日数の算出根拠について確認を行うとともに，必要に応じて日数の見直しを図ること。

（4） 災害復旧工事，完成時期や施工時期が限定されている工事等の制約条件のある工事については，（2）及び（3）にかかわらず，当該制約条件を踏まえて必要な工期を設定すること。この場合においては，入札説明書及び特記仕様書（営繕工事においては現場説明書。以下同じ。）に当該制約条件を記載すること。

（5） 出水期等の作業不能日数の設定は，中断期間を含めて一本化して発注することが種々の条件からみて有利であるものに限り行うものとし，この場合には，中断期間を含めた工期を設定すること。また，中断期間については，中断期間を含めて一本化して発注する方が中断期間を設けずに分離発注する場合の経費より小さくなる範囲を目途として設定すること。この場合においては，入札説明書及び特記仕様書において，中断期間を含めた工期を設定した旨を記載すること。併せて，中断期間中は，工事現場の保全措置を的確に講ずること。

（6） 作業不能日数については，特記仕様書に記載すること。あわせて，当初見込んだ作業不能日数から実際の作業不能日数との間に乖離が生じることが判明した場合においては，実際に生じることとなる作業不能日数を反映した工期に変更すること。

第3章

参考 特記仕様書記載例

以下も，運用通知に添付されたもので，特記仕様書への記載例が示された。

■特記仕様書の記載例（参考）

【修正前】

第○条　工期

工期　：　平成□年□月□日から平成□年□月□日まで

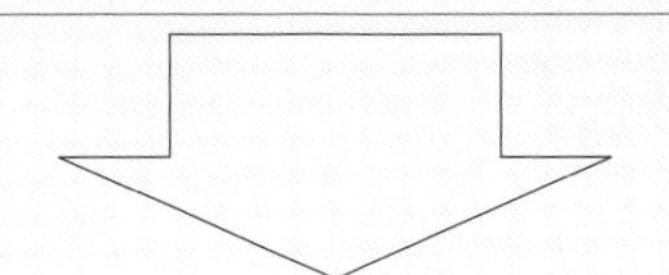

【修正後】 □ 部分

工期　：　平成□年□月□日から平成□年□月□日まで

工期には，施工に必要な実日数（実働日数）以外に以下の事項を見込んでいる。

※供用時期等が決まっていることにより，工事の完了時期が決まっている場合は，当該条件を記載すること。

【例】当該箇所は，平成▲年▲月▲日に供用を予定している箇所である。

①準備期間	○日間
②後片付け期間	○日間
③雨休率 ※実働工期日数に休日と悪天候により作業が出来ない日数を見込むための係数　実働日数×係数 (　　)の数値は，土日，祝日，年末年始休暇及び夏期休暇の日数	○．○ (○○日)
④地元調整等による工事不可期間 平成○年○月○日から平成○年○月○日	○日間
⑤	
⑥　・・・	

※上記の他，特別に見込んでいる日数や特別に工期に影響のある事項があれば記載する。

※余裕期間の設定がある場合は，余裕期間の特記記載例を踏まえて記載すること。

第○条　工事工程の共有

受注者は，現場着手前（準備期間内）に設計図書等を踏まえた工事工程表（クリティカルパスを含む）を作成し，監督職員と共有すること。工程に影響する事項がある場合は，その事項の処理対応者（「発注者」又は「受注者」）を明確にすること。

施工中に工事工程表のクリティカルパスに変更が生じた場合は，適切に受発注者間で共有することとし，工程の変更理由が以下の①～⑤に示すような受注者の責によらない場合は，工期の延長が可能となる場合があるので協議すること。

① 受発注者間で協議した工事工程の条件に変更が生じた場合

② 著しい悪天候により作業不稼働日が多く発生した場合

③ 工事中止や工事一部中止により全体工程に影響が生じた場合

④ 資機材や労働需要のひっ迫により，全体工程に影響が生じた場合

⑤ その他特別な事情により全体工程に影響が生じた場合

<補足事項>

土木工事共通仕様書「1－1－1－4　施工計画書」において，施工計画書を工事着手前に提出することとしている。この施工計画書は，内容に重要な変更が生じた場合には，その都度当該工事に着手する前に変更施工計画書を監督職員に提出することとなっているため，提出時点において，必ずしも全ての項目について詳細な記載を求めているものではない。

その為，例えば，工事工程の共有で使用する工事工程表が工事着手前に提出される施工計画書の計画工程表と必ずしも同じでなくても良い。

第4章 工期の定義と設定の手順

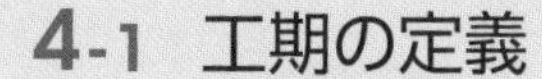

- 4-1 工期の定義
- 4-2 工期設定のフロー
- 4-3 施工条件の把握と施工方針の決定
- 4-4 施工手順の組立と施工に必要な実日数（実働日数）の算定
- 4-5 雨休率の確認と作業別の作業所要日数の算定
- 4-6 社会的制約条件等の確認と工事抑制期間の加算
- 4-7 準備，後片付け期間
- 4-8 工程表と工期案の作成

（参考）工期設定支援システムについて

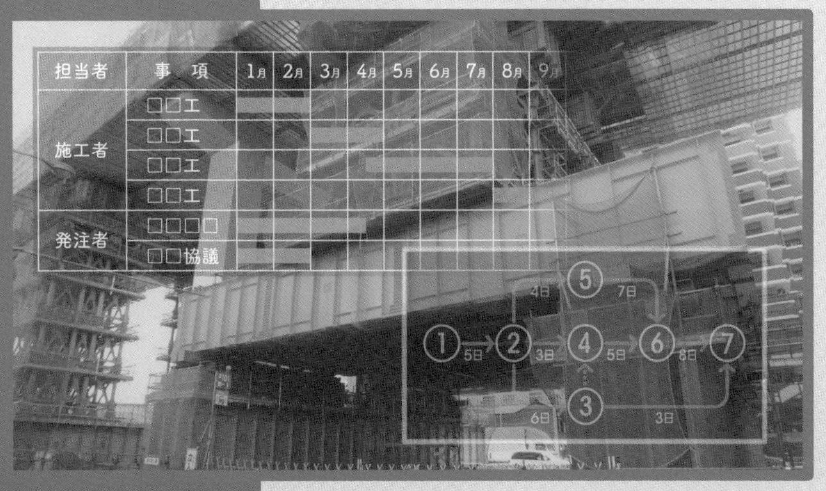

4-1 工期の定義

本章では，工期に関する運用通知を踏まえて積算における具体的な工期設定方法を解説する。

❶ 工期の定義

本章においては，以下のとおり用語と工期の関係を整理し，この用語を用いて記述することとする。

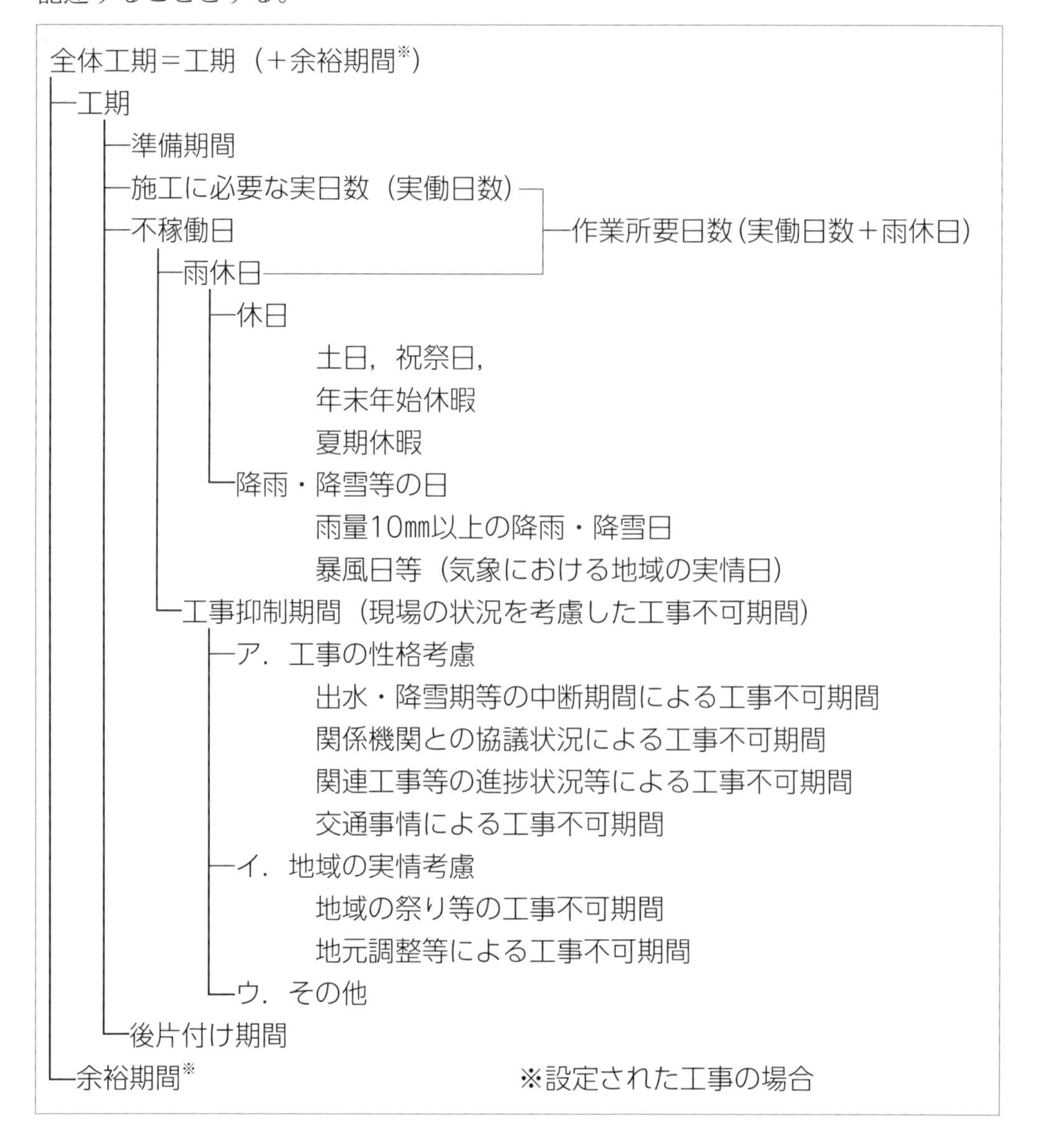

前頁図や運用通知の定義から数式化して示すと以下のとおりとなる。

工期＝準備期間＋施工に必要な実日数（実働日数）＋不稼働日＋後片付け期間
＝準備期間＋施工に必要な実日数（実働日数）＋【雨休日数＋工事抑制期間（現場の状況を考慮した工事不可期間）】＋後片付け期間

雨休日数＝施工に必要な実日数（実働日数）×雨休率

雨休率＝（休日数＋降雨・降雪等の日数－休日数と降雨・降雪等の日数のダブリ日数）／稼働可能日数

稼働可能日数＝暦日数－（休日数＋降雨・降雪等の日数－休日数と降雨・降雪等の日数のダブリ日数）
休日数：土日，祝祭日，年末年始休暇（６日）及び夏期休暇（３日）日数

これらの式と運用通知内容から

① 雨休率は，施工に必要な実日数（実働日数）に対して，土曜・日曜，祝祭日，年末年始，夏期休暇，並びに降雨・降雪等の日（雨休日）が何日あるかを算出するための率であること。
　ただし，運用通知では，「暴風等の気象における地域の実情を考慮しても良い」としており，雨休率には，こうした気象による不稼働日を含む場合もあること。

② 運用通知１．工期設定（２）工期の設定④にあるその他の不稼働日［本章では工事抑制期間として整理］（工事の性格・地域の実情等により必要な日数，その他）は雨休率で算出するものとなっておらず，別途加算するものであること。

③ 準備期間や後片付け期間には雨休日は考慮しない。

ことに留意する必要がある。

なお，工期に関連しては，土木工事共通仕様書においてもいくつかの関連する定義等が記載されており，平成31年４月版から主要なものを以下に示す。

1-1-1-2　用語の定義
(1-39略)
40. 工期
工期とは，契約図書に明示した工事を実施するために要する準備及び後片付け期間を含めた**始期日から終期日までの期間**をいう。

41．工事開始日

工事開始日とは，工期の始期日または設計図書において規定する始期日をいう。

42．工事着手

工事着手とは，工事開始日以降の実際の工事のための**準備工事**（現場事務所等の設置または測量をいう。），詳細設計付工事における詳細設計または工場製作を含む工事における**工場製作工のいずれかに着手すること**をいう。

43．工事

工事とは，本体工事及び仮設工事，またはそれらの一部をいう。

44．本体工事

本体工事とは，設計図書に従って，工事目的物を施工するための工事をいう。

45．仮設工事

仮設工事とは，各種の仮工事であって，工事の施工及び完成に必要とされるものをいう。

1－1－1－4　施工計画書

1.一般事項

受注者は，工事着手前に工事目的物を完成するために必要な手順や工法等についての施工計画書を監督職員に提出しなければならない。

1－1－1－8　工事着手

受注者は，特記仕様書に定めのある場合を除き，特別の事情がない限り，工事開始日から工事着手までの期間は，最低30日を必要日数として，工事着手しなければならない。

このほか3章の参考でも示されているが，平成27年12月25日付けで大臣官房地方課長，大臣官房技術調査課長他から通知された「施工時期等の平準化に向けた計画的な事業執行についての運用について」（第2章2－1❻）の「1　適切な工期の設定について」の中に

(1)「工期」とは，工事を実施するために要する期間で，準備期間と後片付け期間を含めた実工事期間であること。

と記載されているほか，同通知「2　余裕期間制度の積極的な活用について」の中に

(1)「余裕期間」とは，契約の締結から工事の始期までの期間であること

とした定義がなされている他，

全体工期（余裕期間と工期をあわせた期間）

とする表現がなされ，全体工期が定義されている。

なお，全体工期＝契約期間であることに留意する。

これらから，工期に関するものを図化してみると以下のとおりとなる。

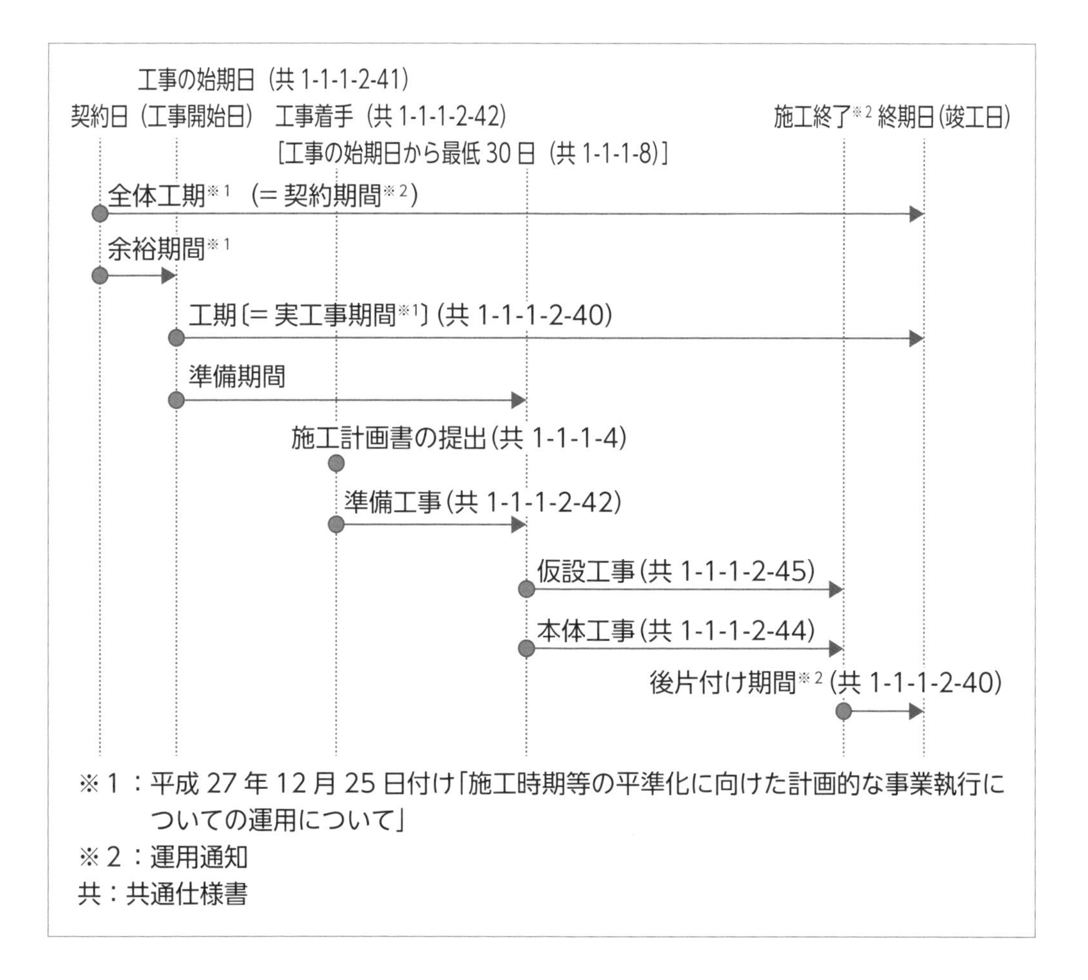

本章においては実工事期間の設定について記載する。

4-2 工期設定のフロー

工期を設定するまでの手順は，次のように考えられる。

◇施工条件を把握する。

◇工事を的確に管理できる程度に施工単位毎に分解した作業とする。
（作業の細分化）

◇施工方針を決定する。

◇施工手順を組立てる。

◇分解された各作業を遂行するのに要する時間を見積もる。
（施工に必要な実日数（実働日数）と作業所要日数の算定）

◇工事抑制期間（現場の条件を考慮した工事不可期間）や準備・後片付け期間を加味する。

◇工程表を作成する。

◇工期を決定する

なお，各作業を遂行するのに要する時間を見積るには雨休率や社会的条件の確認が必要であり，工事抑制期間を加算するには社会的条件の確認が必要となる。

運用通知では，こうした手順に加え，これまでの同種類似工事の実際にかかった工期と比べることにより，工期日数の妥当性を確認する。（目安としては，実績値の－10％以上乖離した場合に確認する）ことが明記された。

なお，平成27年12月25日付け課長通知「施工時期等の平準化に向けた計画的な事業執行についての運用について」「１適切な工期の設定について」では，「⑷災害復旧工事，完成時期や施工時期が限定されている工事等の制約条件のある工事については，⑵及び⑶にかかわらず，当該制約条件を踏まえて必要な工期を設定すること。この場合においては，入札説明書及び特記仕様書（営繕工事においては現場説明書。以下同じ。）に当該制約条件を記載すること。」としていることに留意する。

工期設定の作成上の注意点等をも含めた作業フローは，次頁のようになる。（図－１）

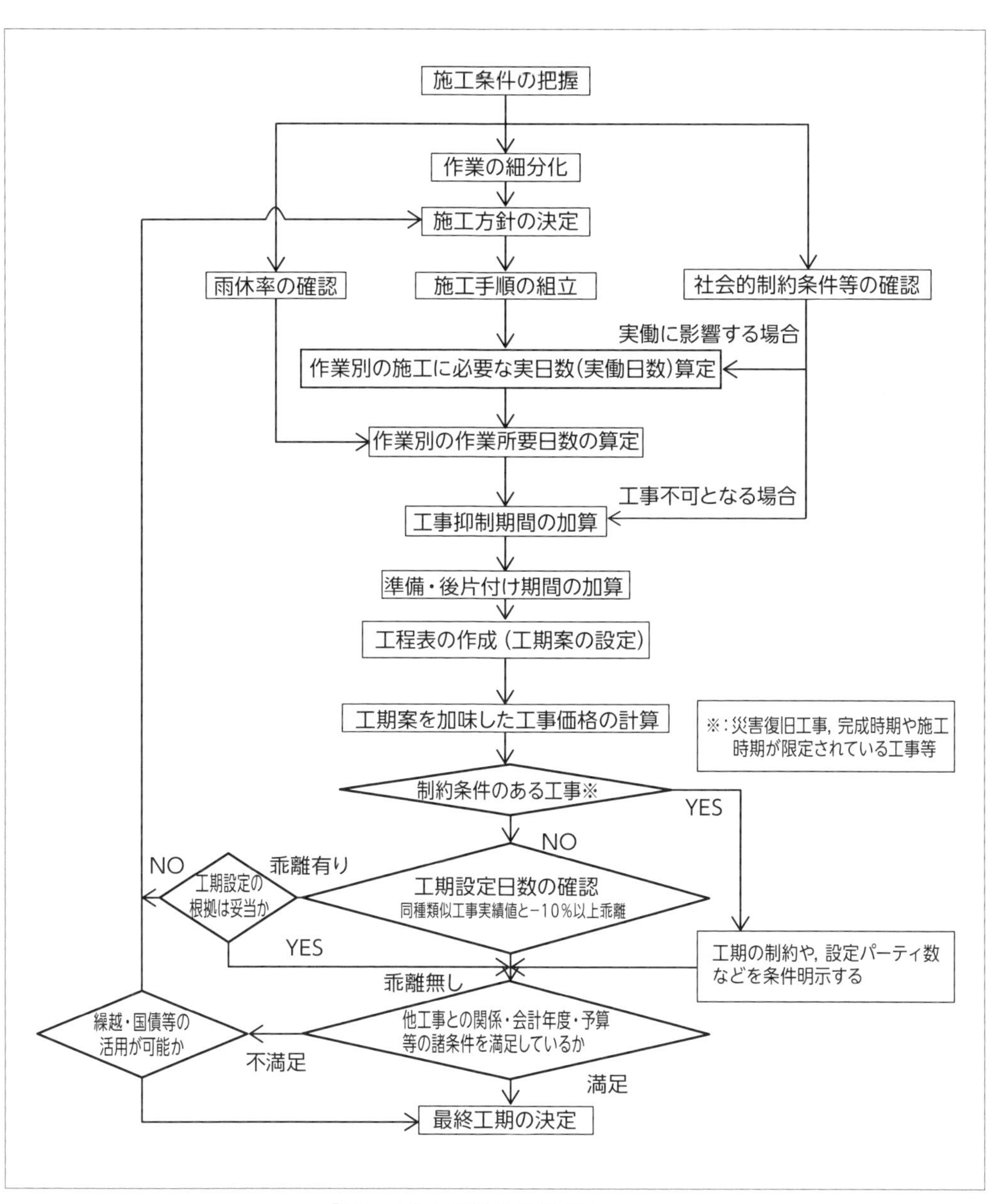

【図 - 1】 工期設定作業フロー

4-3 施工条件の把握と施工方針の決定

❶ 施工条件の把握

各工事ごとの施工条件は個々に異なるものであり，前もって必ず現場条件を十分に把握し，その現場条件に即した施工計画を立案することが大切である。

以下に，主要な施工条件を項目別に示す。

施工条件例

項目	主な内容
a．地形 地質 土質	地表勾配，高低差 粒度，締固め特性，自然含水比，断層，地層，地盤の強さ トラフィカビリティ，地下水，既存の資料柱状図，湧水の有無
b．水文気象	降雨（雪）量，降雨（雪）日数，気温，風，波浪 水位，潮位，潮流，流量，流速
c．動力用水源	工事用電源，工事用水
d．資材供給	土砂，石材，木材，鋼材，生コン
e．輸送経路	搬出入道路，鉄道，水路
f．労働需給	賃金，労働者不足率
g．環境基準	騒音，振動，排水等の基準
h．用地買収	用地買収状況，借地料，境界杭の確認
i．関係諸機関 との調整	地下埋設物，地上障害物，交通対応，学校・病院等対応 工事説明会の要否，他官庁に対する手続き，作業時間の制限 文化財等の発生
j．関連工事	追加工事の可能性，近隣工事
k．作業スペース	作業ヤード，資材ヤード

❷ 施工方針の決定

施工方針の決定に際しては，施工条件の各項目を分析整理し，いくつかの施工方法を選定する。各施工案について，施工手順・組合せ機械の検討を経て，概略工程・概算工費の面から評価し，最も適正な施工方法を選定する。ここで，施工手順の検討に際しては，次のことに留意する。

ａ．最も重要な工種を優先して取り上げる。

b．材料・労働力・機械等の資源を転用やサイクルを考慮し，有効に活用する。
c．工事全体の忙しさの程度をできるだけ均等にする。
d．繰り返し作業によって作業の熟練効率を高める。
e．主機械の能力を効率的に発揮させるように，従機械を配置する。

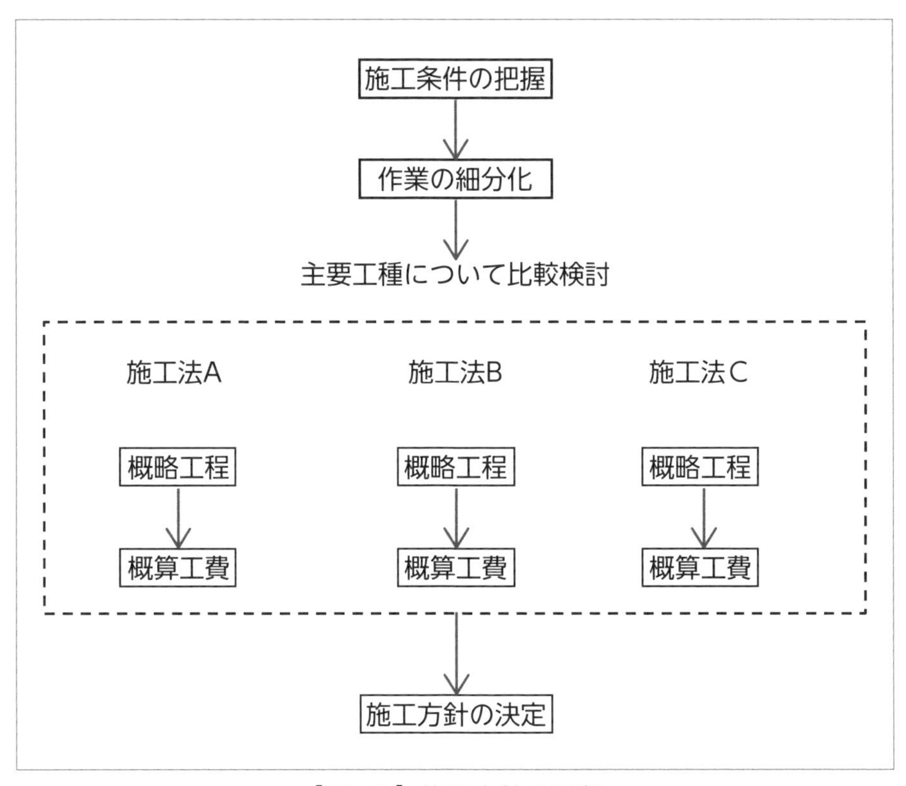

【図－2】施工方針の手順

4-4 施工手順の組立と施工に必要な実日数（実働日数）の算定

❶ 施工手順の組立

① 工事内容ごとに（ブロック別）施工順序を検討し「その施工工期の変化が全体の工期にそのまま影響する」ような工程支配工種（以下，これを「主工種」と呼ぶ）を摘出し，その順序をまずリストアップして整理する。

次に，主工種以外工種は主工種と同時（併行）施工ができる順序群に整理する。

（例）　施工順序①　〔進入道路〕（仮橋，電力設備，水路付替え）
　　　　施工順序②　〔基礎杭工〕
　　　　施工順序③　〔橋脚１〕（橋脚２，付替え水路函渠）
　　　　施工順序④　〔橋　台〕（側道路盤）
（注）　1．〔　〕括弧は主工種，（　）括弧は同時（併行）施工工種
　　　　2．ここでいう工種とは「機能が同一又は一体として働く施設」で，「施工の場所や時期・作業内容が共通・一体的に進められる」ものをさす。

② 各「主工種」について，その細分工程と作業項目をリストアップする。

③ ②で求めた各「主工種」についての「細分工程」の「作業区分」毎に，実所要作業日数を求める。

ここでいう作業区分とは「床掘り」「基礎砕石」「均しコンクリート」「鉄筋工」「支保工」「型枠工」「コンクリート打設及び養生」「脱型枠」などをさす。

❷ 作業別の施工に必要な実日数（実働日数）の算定

作業区分ごとの日当り作業量は，工事計画の基本事項として重要な問題であるが，作業条件，作業環境，地理的条件，季節などにより非常に影響を受ける。しかしながら，こうした影響を個別に捉え，日当り作業量を設定することは非常に困難である。国土交通省では，「平成31年度作業日当り標準作業量について」（平成31年３月12日付け国技建管第19号，国総公第111号）として各工種・条件区分に応じた「作業日当り標準作業量」を定めて，工期設定において活用されたいとして通知した。

運用通知でも，この「作業日当り標準作業量から施工するのに必要な日数を算出する」としており，所要日数は各工種・条件区分毎の設計数量に対し，次式により計算して求めることが出来る。

作業別の施工に必要な実日数（実働日数）
　＝設計数量÷作業日当りの標準作業量÷パーティ数

運用通知では，「パーティ数は，基本１パーティで設定することとするが，工事全体の施工の効率性や完成時期などの外的要因も考慮のうえ，パーティ数を変更しても良い」としている。

パーティ数の変更は，何らかの理由で，真に複数パーティを投入せざるを得ない場合に留めるべきであり，むやみに変更する事は避けなければならない。

また，複数のパーティで計画する場合は，実際に複数の機械等が入れるスペースがあるかをはじめ，安全性に問題が無いかなども含めて十分検討しなければならない。

なお，複数のパーティ数で工期の算定を行った場合，分解組立を伴う機械が関連する場合は運搬費をパーティ数計上することになるなど，パーティ増に伴う必要費用を計上する事も忘れてはならない。

工種等によっては作業日当り標準作業量が複数のセット数で設定されたものが存在する。こうした工種では１パーティが複数のセットで構成されている事に注意する必要がある。

なお，４－６（１）社会的制約条件等の確認１）施工に必要な実日数（実働日数）に影響を与える社会的制約条件がある場合には，作業日当りの標準作業量に代えて，社会的制約条件を踏まえた作業日当りの作業量を用いて作業別の施工に必要な実日数（実働日数）を算出する必要がある。

❸ 作業日当りの標準作業量

平成24年度より施工パッケージ型積算基準が導入されたことに伴い条件区分が細分化され，それに伴い作業日当り標準作業量も細分化され公表されている。このためすべてを掲載することが出来ないことから，ここでは作業日当り標準作業量の例を抽出して示す。

この標準作業量は，国土交通省大臣官房技術調査課監修の「国土交通省土木工事積算基準」((一財）建設物価調査会発行）並びに国土交通省土木工事標準積算基準書（(一財）建設物価調査会発行）に掲載され公表されている。

作業日当り標準作業量の「１．適用」には「本章に掲載した作業日当り標準作業量は，施工パッケージ型積算基準及び標準歩掛に沿った条件，工法での設定であり，工程，作業日数等の検討のための参考としてとりまとめたものである。設定した作業量は，あくまでも標準施工の場合であるので，当該工事の施工条件，施工方法，制約条件等を十分考慮し，適用の可否を検討の上，使用されたい。」と記載されていることに留意し，適用に当たっては，その工事の諸条件を十分に配慮し慎重に対処する必要がある。

【表－１⑴】作業日当り標準作業量の一部抜粋

工　種　名	設　定　内　容
1. 土工	①　掘削

土質	施工方法	岩質	押土の有無	障害の有無	施工数量	火薬使用	破砕片除去の有無	集積押土の有無	作業日当り標準作業量
土砂	オープンカット	－	有り	－	普通土30,000m3未満又は湿地軟弱土	－	－	－	320 m3/日
					30,000m3以上	－	－	－	710 m3/日
			無し	無し	5,000m3未満				230 m3/日
					5,000m3以上10,000m3未満	－	－	－	270 m3/日
					10,000m3以上50,000m3未満	－	－	－	330 m3/日
					50,000m3以上	－	－	－	500 m3/日
				有り	5,000m3未満				140 m3/日
					5,000m3以上10,000m3未満	－	－	－	170 m3/日
					10,000m3以上50,000m3未満	－	－	－	210 m3/日
					50,000m3以上	－	－	－	320 m3/日
	片切掘削	－	－	－	－	－	－	－	220 m3/日
	水中掘削	－	－	－	－	－	－	－	260 m3/日
	現場制約あり	－	－	－	－	－	－	－	4 m3/日
	上記以外（小規模）	－	－	－	1箇所100m3以下（標準）	－	－	－	37 m3/日
					1箇所100m3以下（標準以外）	－	－	－	15 m3/日
岩塊・玉石	オープンカット	－	有り	－	普通土30,000m3未満又は湿地軟弱土	－	－	－	200 m3/日
					30,000m3以上	－	－	－	440 m3/日
			無し	無し	5,000m3未満				180 m3/日
					5,000m3以上10,000m3未満	－	－	－	210 m3/日
					10,000m3以上50,000m3未満	－	－	－	250 m3/日
					50,000m3以上	－	－	－	410 m3/日
				有り	5,000m3未満				110 m3/日
					5,000m3以上10,000m3未満	－	－	－	130 m3/日
					10,000m3以上50,000m3未満	－	－	－	150 m3/日
					50,000m3以上	－	－	－	260 m3/日
	水中掘削	－	－	－	－	－	－	－	180 m3/日
	現場制約あり	－	－	－	－	－	－	－	3 m3/日

（出典：参考文献２）より作成）

【表－1⑵】作業日当り標準作業量の一部抜粋

工種名	設定内容
3. 床掘工	① 床掘り

土質	施工方法	土留方式の種類	障害の有無	作業日当り標準作業量
土砂	標準	無し	有り	180 m3/日
			無し	220 m3/日
		自立式	有り	180 m3/日
			無し	220 m3/日
		グランドアンカー式	有り	180 m3/日
			無し	220 m3/日
		切梁腹起式	有り	180 m3/日
			無し	220 m3/日
	平均施工幅 1m以上2m未満	無し	有り	100 m3/日
			無し	150 m3/日
		自立式	有り	100 m3/日
			無し	150 m3/日
		グランドアンカー式	有り	100 m3/日
			無し	150 m3/日
		切梁腹起式	有り	100 m3/日
			無し	150 m3/日
	掘削深さ 5m超え20m以下	グランドアンカー式	有り	130 m3/日
			無し	200 m3/日
		切梁腹起式	有り	130 m3/日
			無し	200 m3/日
	掘削深さ20m超え	グランドアンカー式	－	120 m3/日
		切梁腹起式	－	120 m3/日
	上記以外（小規模）	－	－	32 m3/日
	現場制約あり	－	－	2.4 m3/日
岩塊 ・ 玉石	標準	無し	有り	130 m3/日
			無し	160 m3/日
		自立式	有り	130 m3/日
			無し	160 m3/日
		グランドアンカー式	有り	130 m3/日
			無し	160 m3/日
		切梁腹起式	有り	130 m3/日
			無し	160 m3/日
	平均施工幅 1m以上2m未満	無し	有り	70 m3/日
			無し	110 m3/日
		自立式	有り	70 m3/日
			無し	110 m3/日
		グランドアンカー式	有り	70 m3/日
			無し	110 m3/日
		切梁腹起式	有り	70 m3/日
			無し	110 m3/日
	掘削深さ 5m超え20m以下	グランドアンカー式	有り	90 m3/日
			無し	140 m3/日
		切梁腹起式	有り	90 m3/日
			無し	140 m3/日
	掘削深さ20m超え	グランドアンカー式	－	90 m3/日
		切梁腹起式	－	90 m3/日
	現場制約あり	－	－	1.7 m3/日

（注）「現場制約あり」の作業日当り標準作業量は，普通作業員１名の場合。

（出典：参考文献２）より作成）

【表－１(3)】作業日当り標準作業量の一部抜粋

工　種　名	設　定　内　容
床掘工	（下記 ②～④）

床掘工

②　掘削補助機械搬入搬出作業

作業日当り標準作業量	3.3 回/日

③　基面整正

作業日当り標準作業量	50 m2/日

（注）作業日当り標準作業量は，普通作業員１名の場合。

④　舗装版破砕積込（小規模土工）

作業日当り標準作業量	23 m2/日

埋戻工

①　埋戻し

施工方法	土質	締固めの有無	作業日当り 標準作業量
最小埋戻幅4m以上	－	－	270 m3/日
最大埋戻幅4m以上	－	－	96 m3/日
最大埋戻幅1m以上4m未満	－	－	61 m3/日
最大埋戻幅1m未満	－	－	33 m3/日
上記以外（小規模）	土砂	－	40 m3/日
現場制約あり	土砂	有り	3.7 m3/日
		無し	4.2 m3/日
	岩塊・玉石	有り	3.5 m3/日
		無し	3.8 m3/日

（注）「現場制約あり」の作業日当り標準作業量は，普通作業員１名の場合。

②　タンパ締固め

作業日当り標準作業量	36 m3/日

人力運搬工

①　人肩運搬（積込み～運搬～取卸し）

換算距離	作業日当り標準作業量				
	土・石			セメント等	積ブロック類
	土砂	岩塊・玉石	栗石・ｸﾗｯｼｬﾗﾝ		
20m以下	4.8 m3/日	3.2 m3/日	3.8 m3/日	9.1 t/日	14 m2/日
40m以下	3.8 m3/日	2.6 m3/日	3.0 m3/日	7.1 t/日	11 m2/日
60m以下	3.1 m3/日	2.3 m3/日	2.6 m3/日	5.9 t/日	9.1 m2/日
80m以下	2.7 m3/日	1.9 m3/日	2.2 m3/日	4.8 t/日	7.7 m2/日
100m以下	2.3 m3/日	1.7 m3/日	2.0 m3/日	4.2 t/日	6.7 m2/日
120m以下	2.0 m3/日	1.5 m3/日	1.8 m3/日	3.7 t/日	5.6 m2/日
140m以下	1.9 m3/日	1.4 m3/日	1.6 m3/日	3.2 t/日	5.3 m2/日
160m以下	1.7 m3/日	1.3 m3/日	1.4 m3/日	2.9 t/日	4.8 m2/日
180m以下	1.5 m3/日	1.1 m3/日	1.3 m3/日	2.7 t/日	4.3 m2/日
200m以下	1.4 m3/日	1.1 m3/日	1.2 m3/日	2.4 t/日	4.0 m2/日

（注）作業日当り標準作業量は，普通作業員１名の場合。

（出典：参考文献２）より作成）

【表 - 1(4)】作業日当り標準作業量の一部抜粋

工　種　名	設　定　内　容
薬液注入工	①　二重管ストレーナ工法（単相） 施工条件の例　セット数：４セット 削 孔 工：9.5m 土 被 り：7.0m 注 入 量：800ℓ 土　　質：砂質土 作業日当り標準作業量：12 本／日 ②　二重管ストレーナ工法（複相） 施工条件の例　セット数：４セット 削 孔 工：11.0m 土 被 り： 7.0m 注 入 量：一次注入・・800ℓ 二次注入・1,200ℓ 土　　質：砂質土 作業日当り標準作業量：7 本／日 ③　二重管ダブルパッカー工法 施工条件の例　セット数：２セット（削孔）４セット（一次・二次注入） 削 孔 工：16.5m 土 被 り： 6.0m 注 入 量：一次注入……530ℓ 二次注入…3,300ℓ 土　　質：砂質土 作業名／作業日当り標準作業量：削孔 5 本／日，一次注入 20 本／日，二次注入 4 本／日 （注）上表の作業日当り標準作業量は，機械準備・移動から引抜き・器具洗浄までの作業である。

③の内訳表：

作　業　名	削　孔	一次注入	二次注入
作業日当り標準作業量	5 本／日	20 本／日	4 本／日

（出典：参考文献２）より作成）

【表－１⑸】作業日当り標準作業量の一部抜粋

<table>
<tr><th>工　種　名</th><th>設　　定　　内　　容</th></tr>
<tr><td>函渠工（１）</td><td>

① 函渠

<table>
<tr><th>内空寸法「(幅×高さ) m」</th><th>作業日当り
標準作業量
(m3／日)</th></tr>
<tr><td>幅：1.0 以上 2.5 未満かつ高さ：1.0 以上 2.5 未満</td><td>2.0</td></tr>
<tr><td>幅：2.5 以上 4.0 以下かつ高さ：1.0 以上 2.5 未満</td><td>3.4</td></tr>
<tr><td>幅：1.0 以上 2.5 未満かつ高さ：2.5 以上 4.0 以下</td><td>3.5</td></tr>
<tr><td>幅：2.5 以上 4.0 未満かつ高さ：2.5 以上 4.0 以下</td><td>3.9</td></tr>
<tr><td>幅：4.0 以上 5.5 未満かつ高さ：2.5 以上 4.0 未満</td><td>5.0</td></tr>
<tr><td>幅：5.5 以上 7.0 以下かつ高さ：2.5 以上 4.0 未満</td><td>5.9</td></tr>
<tr><td>幅：4.0 以上 5.5 未満かつ高さ：4.0 以上 5.5 未満</td><td>6.5</td></tr>
<tr><td>幅：5.5 以上 7.0 未満かつ高さ：4.0 以上 5.5 未満</td><td>7.5</td></tr>
<tr><td>幅：7.0 以上 8.5 未満かつ高さ：4.0 以上 5.5 以下</td><td>8.5</td></tr>
<tr><td>幅：8.5 以上 10.0 以下かつ高さ：4.0 以上 5.5 以下</td><td>10.0</td></tr>
<tr><td>幅：4.0 以上 5.5 未満かつ高さ：5.5 以上 7.0 以下</td><td>7.2</td></tr>
<tr><td>幅：5.5 以上 7.0 以下かつ高さ：5.5 以上 7.0 以下</td><td>8.4</td></tr>
</table>

(注) １．上表の作業日当り標準作業量には，次の作業が含まれている。
・基礎材敷均し・転圧
・均し型枠製作・設置，撤去
・均しコンクリート打設・養生
・コンクリート打設・養生
・型枠製作・設置，撤去
・鉄筋加工・組立
・足場設置，撤去
・支保設置，撤去
・目地材設置・止水板設置
２．上表の作業日当り標準作業量は，作業の重複を考慮した１ブロックでの値であり，工程の算出に当っては，施工場所，ブロック数を考慮して決定するものとする。
３．上表の作業日当り標準作業量は，基礎材敷均し・転圧，均しコンクリート，足場の施工の有無，足場形式（枠組足場又は手摺先行型枠組足場）にかかわらず適用出来る。
４．コンクリート養生は，散水，保温を問わず適用する。
５．上表の作業日当り標準作業量は，本体コンクリート（函渠，ウイング，段落ち防止枕）換算値である。

</td></tr>
<tr><td>函渠工（２）</td><td>

① コンクリート（場所打函渠）

<table>
<tr><td>作業日当り標準作業量</td><td>102 m3／日</td></tr>
</table>

</td></tr>
</table>

（出典：参考文献２）より作成）

❹ 日当り施工量による計算例

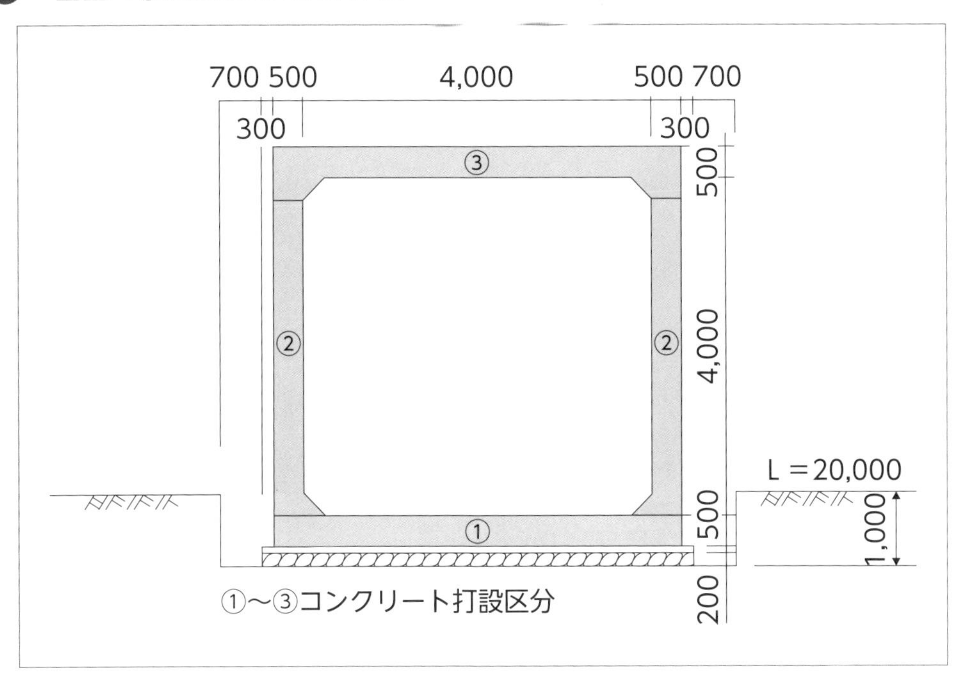

【図－3】現場打ちボックスカルバート

種　　別	日当り標準作業量	作業日数
床掘り	154㎥÷220㎥/日	0.7日
埋戻し	49㎥÷4.2㎥/日	11.7日
基礎材敷均し・転圧 均し型枠製作・設置，撤去 均しコンクリート打設・養生 コンクリート打設・養生 型枠製作・設置，撤去 鉄筋加工・組立 足場設置，撤去 支保設置，撤去 目地材設置・止水板設置	182.5㎥÷6.5㎥/日 (本体コンクリート数量＝182.5㎥)	28.1日
計		40.5日

注）上表の作業日当り標準作業量は，作業の重複を考慮した１ブロックでの値であり，工程の算出に当っては，施工場所，ブロック数を考慮する必要がある。

該当年の雨休率を0.7とすると工期は40.5×1.7＝68.85≒68.9日となる。
(準備期間・後片付け期間・余裕期間等は除く)

4-5 雨休率の確認と作業別の作業所要日数の算定

❶ 雨休率の確認

運用通知の中で全体の工程を作成する際に重要となるのが，雨休率という概念である。雨休率は，基本的に降雨・降雪等の気象条件により施工出来ない日が，施工に必要な実日数（実働日数）に対して何日あるかを算出するためのものである。この雨休率を用いて，各作業ごとの施工に必要な実日数を作業所要日数，すなわちカレンダー上の日数になおすことが出来る。

雨休率は，前述したとおり次式で表すことが出来る。

$$\text{雨休日数}=\text{施工に必要な実日数（実働日数）}\times\text{雨休率}$$

$$\text{雨休率}=\frac{\left(\begin{array}{c}\text{休日数}+\text{降雨・降雪等の日数}-\text{休日数}\\\text{と降雨・降雪等の日数のダブリ日数}\end{array}\right)}{\text{稼働可能日数}}$$

$$\text{稼働可能日数}=\text{暦日数}-\text{（休日数}+\text{降雨・降雪等の日数}-\text{休日数と降雨・降雪等の日数のダブリ日数）}$$

以下に，雨休率の算定における具体的な算出に当たっての考え方を示す。

１）休日数の確認

国土交通省直轄の土木工事の工期設定は，平成４年４月から運用通知において明確に土曜日，日曜日を休日数に加えるよう通知された。

また休日数には，国民の祝祭日に加え，年末年始の特別休暇並びに夏期休暇も考慮することが明記された。

なお，国土交通省発注工事においては，特別休暇や夏期休暇として，人事院規則に定められた日数を採用している。

年末年始休暇　：　12月29日から１月３日まで６日間

夏期休暇　　　：　３日間　（注：人事院規則では夏期休暇の取得期間に幅があるが，工期設定上からは８月13日から８月15日として設定する）

各発注機関においては，それぞれの機関で定められた特別休暇（例：県民の日等）も加えて，休日数を算出することが望まれる。

2）降雨・降雪等の日数

対象工事の降雨・降雪日は，運用通知で１日の降雨・降雪量雨が10㎜以上／日の日とし，過去５カ年の気象庁のデータより年間の平均日数を算出することが定められた。ただし暴風等の気象における地域の実情を考慮しても良いとされており，現地の水文，気象等の条件を十分に調査し，対象工事の技術的特性を考慮して算定することが望まれる。

そのための調査事項の主要なものをあげると，次のとおりである。

ａ．降水量，降水日数，降水日の分布，積雪日数等
ｂ．風速，風向等
ｃ．気温，霜，凍結，湿度，濃霧等
ｄ．河川の水位，流量，流速等
ｅ．潮位，潮流，波浪等

3）休日と降雨・降雪等の日数のダブリ日数

また，休日と降雨・降雪等の日数のダブリ日数については，次式で計算することが出来る。

$$\text{休日と降雨・降雪等の日数のダブリ日数} = \text{降雨・降雪等の日数} \times \frac{\text{休日数}}{\text{暦日数}}$$

表－2に雨休率の計算例と表－3⑴・⑵に全国地点別の日降水量10㎜以上の日数を示す。

【表－2】降雨・降雪日による雨休率の計算例（平成31年の場合）

月		1月	2月	3月	4月	5月	6月	7月	8月	9月	10月	11月	12月	年
降雨・降雪日数（10㎜以上の日数）		1.6	1.8	4.4	3.6	3.4	5.6	3.8	4.2	7.2	4.8	2.8	2.2	45.4
暴風日等（気象における地域の実情日）														
降雨・降雪等の日数（小計）		1.6	1.8	4.4	3.6	3.4	5.6	3.8	4.2	7.2	4.8	2.8	2.2	45.4
休日数	土曜・日曜	8	8	10	8	8	10	8	9	9	8	9	9	104
	祝祭日	2	1	1	2	4		1	1	2	2	1		17
	年末年始	2											2	4
	夏休み								2					2
	計	12	9	11	10	12	10	9	12	11	10	10	11	127
降雨・降雪日と休日のダブリ（降雨・降雪等日数×休日数／暦日）		0.6 (0.62)	0.6 (0.58)	1.6 (1.56)	1.2 (1.20)	1.3 (1.32)	1.9 (1.86)	1.1 (1.10)	1.6 (1.63)	2.6 (2.64)	1.5 (1.54)	0.9 (0.93)	0.8 (0.78)	15.7 (15.76)
暦日		31	28	31	30	31	30	31	31	30	31	30	31	365
稼働可能日数		18	17.8	17.2	17.6	16.9	16.3	19.3	16.4	14.4	17.7	18.1	18.6	208.3
雨休率（%）		72	57	80	70	83	84	61	89	108	75	66	67	75

（注１）　降水量10mm以上の日数は，東京地区の平成26年（2014）から平成30年（2018）までの５年間の気象データである。

（注２）　運用通知「１．工期設定（２）工期の設定③雨休率」により，降雨・降雪日の基準を日降水量10mm以上とした。

（注３）　暴風日等（気象における地域の実情）は，運用通知から雨休率に関わるため欄を設けた。

（注４）　休日については，以下の要領でカウントした。

◆土曜・日曜……４週８休とし，祝祭日，年末年始，夏期休暇と重なる日もカウント。

◆祝日・祭日……土曜・日曜と重なるものは除く。

◆年末年始・夏期休暇（人事院規則に定める日数とした）
……土曜・日曜・祝祭日と重なるものは除く。

（注５）　降雨・降雪等の日数と休日のダブリ日数，稼働可能日数は小数第２位を四捨五入し，第１位止め，雨休率（％）は小数以下を四捨五入し，整数止めとしている。

４）雨休率設定時の留意点

地域毎に雨休率を設定する場合には，各発注者が設定した地域単位毎に「休日と降雨降雪日の年間の発生率を設定する」ことが原則となる。

なお，運用通知では，「降雨降雪日は，地域による気象の差があることから，地域毎に設定することが望ましいが，地域毎に雨休率の算出が困難な場合は，「0.7」（東京の過去５カ年（平成25年～平成29年）の平均値より算出）を使用して算出して良いこととする。」としている。算出が困難な事を説明出来ない場合には，地域毎に算出することが求められていると解し，安易な適用はできる限り避ける事が望まれる。

また，雨休率の設定に当たっては，雨休率がその工事の全期間・全作業について一定とは限らないということに留意する。例えば，軟弱地盤での土工作業の期間においては，降雨の影響を受けやすく雨休率が高くなり，逆にトンネルの坑内作業の期間や下水処理場の屋内作業，およびウェザーシェルター使用の期間は雨休率が低くなる。雨休率設定時にこうした工事特性等を考慮することを妨げるものではない。

【表－3(1)】（参考資料）全国地点別の日降水量10mm以上の回数
（統計期間　昭和56年（1981）から平成22年（2010）までの平均値）

地点	1月	2月	3月	4月	5月	6月	7月	8月	9月	10月	11月	12月	年
札幌	3.7	2.6	2.3	1.6	1.7	1.5	2.5	3.5	3.8	3.1	3.2	3.7	33.1
函館	1.4	1.3	1.4	2.1	2.8	2.3	4.3	4.6	4.8	3.0	3.5	2.4	33.9
旭川	1.0	0.6	0.9	1.2	1.9	2.1	3.5	4.2	3.9	3.6	4.2	2.1	29.2
釧路	1.4	0.8	1.8	2.2	3.5	3.2	4.0	3.8	4.6	2.8	2.0	1.6	31.7
帯広	1.4	0.7	1.2	1.7	2.6	2.6	3.8	4.0	4.2	2.4	1.7	1.6	27.9
網走	1.2	0.7	0.9	1.8	1.9	1.7	3.1	3.0	3.3	2.1	1.8	1.1	22.5
留萌	2.4	1.0	0.8	1.0	2.0	1.7	3.1	3.7	4.5	5.0	4.9	2.9	32.9
稚内	1.4	0.9	1.1	1.4	2.2	1.8	2.9	3.4	3.8	4.6	3.9	3.0	30.4
根室	0.9	0.6	1.5	2.1	3.7	2.9	3.7	3.5	4.6	3.1	2.8	1.5	30.9
寿都	2.7	1.5	1.3	1.7	2.2	1.7	2.6	3.9	4.5	4.8	5.1	3.4	35.5
浦河	0.7	0.6	1.3	2.5	3.7	3.1	4.6	4.6	4.7	3.1	2.2	1.2	32.3
青森	4.8	3.2	1.5	2.0	2.5	2.6	3.9	3.8	3.6	3.3	5.0	4.6	40.8
盛岡	1.4	1.4	2.8	3.2	3.4	3.7	5.9	5.1	4.6	3.1	2.9	2.2	39.9
宮古	1.5	1.8	2.7	2.9	2.7	3.7	4.0	4.3	4.8	2.8	2.3	1.4	35.0
仙台	1.0	1.1	2.3	3.5	3.4	4.4	5.3	4.6	4.9	3.3	1.8	0.9	36.4
秋田	3.4	2.4	3.1	4.5	4.2	3.9	5.9	5.2	5.2	5.8	7.1	5.5	56.1
山形	2.2	1.4	2.0	2.1	2.9	3.8	5.2	4.2	3.8	2.5	3.0	2.4	35.3
酒田	5.4	3.3	3.2	3.8	4.0	3.9	6.4	5.2	5.7	6.2	8.5	7.5	63.1
福島	1.4	1.5	2.5	2.9	2.8	3.9	5.0	4.1	4.2	3.3	2.2	1.3	35.0
小名浜	1.5	2.2	3.7	3.9	4.5	4.3	4.3	3.0	5.2	4.4	2.7	1.4	41.1
水戸	1.7	2.0	3.7	4.1	4.6	4.5	3.9	3.1	5.1	4.4	2.9	1.4	41.4
宇都宮	1.3	1.5	3.4	4.2	5.0	5.5	5.9	5.2	6.4	4.4	2.3	1.2	46.3
前橋	0.8	1.1	2.0	2.7	3.5	5.0	6.2	5.3	6.1	3.3	1.5	0.8	38.2
熊谷	1.1	1.0	2.5	3.1	3.7	5.0	4.6	4.1	5.8	3.9	1.8	1.0	37.4
銚子	2.7	2.9	5.2	4.2	4.6	5.0	3.0	2.4	5.7	5.8	3.7	2.7	48.0
東京	1.8	2.0	4.2	4.2	4.8	5.5	4.2	3.6	5.4	5.1	2.6	1.6	45.1
大島	3.5	3.8	7.3	6.5	6.5	7.8	5.3	4.2	6.8	6.7	4.7	2.9	66.0
八丈島	6.1	5.6	8.7	6.8	6.8	7.7	5.5	4.5	7.2	9.0	6.4	5.3	79.5
横浜	1.9	2.6	4.9	4.7	5.0	5.9	4.5	3.5	6.0	5.1	2.9	1.9	48.9
新潟	7.0	4.1	3.6	3.6	3.2	4.2	5.9	3.7	5.0	5.9	8.2	8.2	62.5
高田	14.9	10.2	7.4	3.5	3.3	4.5	6.5	4.4	6.2	6.8	10.8	13.4	92.0
相川	4.5	2.6	2.9	3.3	3.9	4.2	5.3	3.4	4.6	4.5	6.0	5.5	50.8
富山	10.5	6.6	6.1	4.6	4.7	5.4	6.7	4.7	6.0	5.7	8.2	9.8	79.1
金沢	10.9	5.7	6.0	5.0	5.2	5.5	6.4	4.3	6.0	6.3	8.7	10.6	80.6
輪島	7.6	4.9	4.6	4.1	4.1	4.6	5.4	3.8	5.7	5.4	7.9	10.1	68.2
福井	11.5	6.6	5.9	4.3	4.9	5.0	5.9	4.0	5.6	5.3	7.4	10.6	77.0
敦賀	9.7	6.4	5.6	4.4	5.0	5.3	5.5	3.4	5.5	4.6	6.2	9.6	71.4
甲府	1.5	1.7	3.4	2.7	3.1	4.0	4.1	4.0	4.6	3.6	2.0	1.2	35.8
長野	1.3	1.4	1.8	2.1	2.5	3.8	4.5	3.4	4.3	2.7	1.6	1.2	30.6
松本	1.1	1.4	3.1	2.7	3.6	4.4	4.5	3.0	4.3	3.0	1.9	0.8	33.7

（出典：国立天文台編「理科年表 平成31年」，丸善出版（2019））

（注）「土木工事における適切な工期設定の考え方（2）③雨休率」では，「降雨降雪日は，1日の降雨・降雪量が10㎜以上／日の日とし，過去5カ年の気象庁のデータより年間の平均発生日数を算出。」としている。

【表－３⑵】（参考資料）全国地点別の日降水量10㎜以上の回数
（統計期間　昭和56年（1981）から平成22年（2010）までの平均値）

地点	1月	2月	3月	4月	5月	6月	7月	8月	9月	10月	11月	12月	年
飯田	2.2	2.9	5.1	4.5	4.9	5.9	5.9	4.2	5.8	4.3	3.0	1.7	50.5
軽井沢	1.0	1.3	2.6	3.0	4.4	5.6	5.9	4.3	5.4	3.6	1.8	0.8	39.8
岐阜	2.3	2.9	4.8	4.9	6.1	6.8	7.4	4.2	5.8	3.9	2.9	1.9	53.9
高山	2.9	3.4	4.4	4.3	4.4	5.3	6.8	4.8	6.0	4.1	3.5	2.6	52.5
静岡	2.6	3.0	5.9	5.5	5.6	6.7	6.3	5.1	6.6	4.8	3.4	2.1	57.4
浜松	2.0	2.7	4.8	4.8	5.5	6.4	5.0	3.3	6.0	4.7	3.0	1.6	49.7
名古屋	1.8	2.5	4.6	4.6	5.4	6.1	5.8	3.4	5.3	3.7	2.5	1.5	47.2
津	1.1	2.3	3.8	4.1	5.3	6.2	5.4	3.5	5.8	4.2	2.4	1.0	44.9
尾鷲	2.8	3.3	6.2	6.4	6.8	8.3	7.6	7.6	8.8	6.6	4.0	2.4	70.8
彦根	3.8	4.0	4.5	4.2	5.2	5.9	6.3	3.3	4.7	3.9	2.9	3.0	51.6
京都	1.8	2.6	4.2	4.1	4.9	6.1	5.9	3.6	4.6	3.6	2.4	1.5	45.3
大阪	1.5	2.3	4.2	3.8	4.8	5.6	4.8	2.7	4.3	3.6	2.3	1.6	41.7
神戸	1.4	2.1	3.7	3.8	4.5	5.6	4.5	2.7	3.9	3.1	2.2	1.4	38.9
奈良	1.6	2.4	3.8	3.4	4.4	5.9	5.1	3.4	4.7	4.0	2.4	1.7	43.0
和歌山	1.4	2.1	3.3	3.8	4.3	5.7	4.3	2.5	4.5	3.6	2.5	1.7	39.6
潮岬	3.0	3.0	5.6	5.8	6.1	7.9	6.3	5.4	6.6	5.9	4.1	2.2	61.9
鳥取	7.1	6.5	5.6	3.7	4.7	4.8	5.8	3.7	5.6	4.3	4.9	7.0	63.7
松江	5.3	4.1	4.9	4.0	4.4	5.0	6.1	3.6	5.9	3.9	4.4	5.1	56.6
浜田	3.5	2.9	4.0	4.0	4.6	5.2	6.3	3.5	5.3	3.3	3.6	3.5	49.7
西郷	5.6	3.8	4.2	3.7	4.1	4.1	5.0	3.2	5.4	3.5	4.5	6.1	53.4
岡山	1.3	2.0	3.5	3.3	4.3	5.7	4.7	2.6	3.6	2.5	1.9	1.0	36.2
広島	1.8	2.5	4.3	4.7	5.0	6.0	5.9	2.9	4.8	2.5	2.3	1.4	44.1
下関	2.3	2.9	4.7	4.6	4.8	6.3	6.0	4.3	4.4	2.2	2.8	1.9	47.2
徳島	1.2	1.7	3.2	3.3	4.3	5.9	4.2	3.7	4.6	3.4	2.7	1.2	39.4
高松	1.0	1.7	3.1	2.5	3.8	4.9	4.2	2.2	4.1	3.1	2.2	1.3	33.8
松山	1.8	2.6	4.1	4.0	4.7	6.3	4.8	2.6	3.8	3.1	2.3	1.4	41.5
高知	2.2	3.1	5.4	6.1	6.4	7.8	6.4	5.6	6.9	3.7	3.0	1.7	58.3
室戸岬	2.7	3.3	5.8	6.1	6.2	7.8	6.1	5.2	6.5	4.8	4.0	2.3	60.7
清水	2.9	3.8	6.1	6.1	6.5	8.3	5.5	5.3	7.0	5.0	3.7	2.1	62.3
福岡	2.2	2.4	4.3	3.8	4.1	6.1	5.8	4.4	5.0	2.4	2.8	1.8	45.2
佐賀	1.9	2.8	4.8	4.8	5.1	7.9	7.1	4.7	4.6	2.3	2.1	1.5	49.6
長崎	2.0	3.2	4.6	4.9	4.9	7.0	5.6	4.4	4.6	2.7	2.4	1.9	48.1
厳原	2.4	2.9	4.9	5.1	5.3	6.0	6.8	6.1	5.3	2.7	2.4	1.6	51.6
福江	3.1	3.3	5.7	5.7	6.0	6.9	6.0	5.9	5.2	2.6	2.9	2.5	55.8
熊本	2.1	3.0	4.9	5.0	4.9	8.4	7.6	4.7	4.5	2.5	2.4	1.8	51.9
大分	1.3	2.3	4.1	4.3	4.3	6.8	5.7	4.2	5.2	2.7	2.2	1.1	44.1
宮崎	2.0	3.0	6.0	5.8	6.4	9.8	6.2	6.5	6.5	3.9	2.6	1.8	60.6
鹿児島	2.8	3.3	5.8	5.6	5.7	9.2	6.3	5.3	4.7	2.6	3.0	2.5	56.8
名瀬	5.8	5.5	7.8	6.7	6.8	9.0	4.1	6.1	6.7	5.1	4.8	5.2	73.5
那覇	3.8	3.6	4.9	4.5	6.1	5.4	3.0	4.6	4.9	3.4	3.0	2.9	50.1

（出典：国立天文台編「理科年表 平成31年」，丸善出版（2019））

（注）「土木工事における適切な工期設定の考え方（２）③ 雨休率」では，「降雨降雪日は，１日の降雨・降雪量が10㎜以上／日の日とし，過去５カ年の気象庁のデータより年間の平均発生日数を算出。」としている。

❷ 作業別の作業所要日数の算定

作業別の作業所要日数は4－4❷に記した作業別の施工に必要な実日数（実働日数）を基に雨休率を用いて算出される。その計算式は次式のとおりである。

> 作業別の作業所要日数
> 　＝作業別の施工に必要な実日数（実働日数）
> 　　＋作業別の施工に必要な実日数（実働日数）×雨休率
> 　＝作業別の施工に必要な実日数（実働日数）×(１＋雨休率)

この作業別の作業所要日数には，雨休率の性格から降雨・降雪等の気象による不稼働日と，土曜・日曜，祝日・祭日，年末・年始，夏休みは組込まれていることになるが，運用通知にある工事の性格や地域の実情等のその他の不稼働日（工事抑制期間）はこの時点では組込まれていないことに留意する。

4-6 社会的制約条件等の確認と工事抑制期間の加算

社会的制約条件には，施工に必要な実日数（実働日数）に影響を与える社会的制約条件と，現場での作業が全く出来ず工事抑制期間（現場の状況を考慮した工事不可期間）となる社会的制約条件がある。

施工に必要な実日数（実働日数）に影響を与える社会的条件は，作業別の施工に必要な実日数（実働日数）の算定時に日当り標準作業量を補正することで工期の算定に反映するものであり，一方，工事抑制期間（現場の状況を考慮した工事不可期間）となるものについては，工期算定の際にその日数を加算するものである。

１）施工に必要な実日数（実働日数）に影響を与える社会的制約条件

ア．作業時間帯を限定される場合

「制約条件下での公共土木工事」の調査（平成元年度）によると，社会的に１日の作業時間帯を限定される場合として，次のような事例が報告されている。

ａ．日常の交通量確保

ｂ．通勤・通学時間

ｃ．商店営業時間

ｄ．騒音・振動等住環境保全

ｅ．バス，鉄道等の公的輸送機関の状況
ｆ．催し物（博覧会，祭り等）との調整
ｇ．航空機離陸時間帯
ｈ．残土処理場時間

作業別の施工に必要な実日数（実働日数）の算定に当たっては，これらの制約条件を考慮して１日当りの作業量を計算する必要がある。

イ．作業帯の設置，撤去を日々繰り返すような作業

「制約条件下での公共土木工事」の調査データを用いた解析（平成３年度）によると，作業帯の設置，撤去を日々繰り返す現道上の工事では，作業帯の設置，撤去のない工事に比べ工期が平均で約12％延びるという結果が得られている。

このような条件下にある工事の作業別の施工に必要な実日数（実働日数）の算定に当たっては，この結果を参考に補正を行う必要がある。

２）工事抑制期間（現場の状況を考慮した工事不可期間）となる社会的制約条件

運用通知では，「１．工期設定（２）工期の設定④ その他の不稼働日」において

> ア．工事の性格の考慮
>
> 工事を行うにあたっては，その工事特有の条件があるが，その条件によっては，その条件を考慮した工期設定を行う必要があり，その条件に伴う日数を必要に応じて加算するものとする。
>
> イ．地域の実情の考慮
>
> 当該工事を行う地域によっては，何らかの理由（例：地域の祭りなど）により施工出来ない期間等がある場合は，それに伴う日数を必要に応じて加算するものとする。
>
> ウ．その他
>
> 上記ア．イ．以外の事情がある場合は，適切に見込むものとする。

が明記された。

本章においては，運用通知における「その他の不稼働日」を「工事抑制期間（現場の状況を考慮した工事不可期間）」として整理している事に留意する。

ア．工事の性格の考慮では，

ａ．出水期や降雪期等の中断期間による工事不可期間

b．関係機関との協議状況による工事不可期間
c．関連工事等の進捗状況等による工事不可期間
d．交通事情による工事不可期間

などが代表例として挙げられるが，このほかにも工事の性格により機労材の確保に必要な工事不可期間など，様々な要因による工事不可期間が挙げられる。

このほか，橋梁架設工事を例にとると風力等により工事不可期間が生じる場合もあるなど，工事毎に様々な要因が考えられ，これらの工事不可期間も反映する必要がある。

イ．地域の実情の考慮では
a．地域の祭り等，地域行事による工事不可期間
b．地元調整等による工事不可期間（ex：権利関係（水利権，漁業権，鉱業権等）者との協議）などが代表例として挙げられる。

ウ．その他としては，他工事との進捗が絡む工事不可期間や用地補償に関連して未解決の用地及び物件，解決済みだが未移転の物件等による工事不可期間などが挙げられる。

いずれにしても，工事抑制期間（現場の状況を考慮した工事不可期間）に関するものは工事毎に様々なものが考えられ，発注者は事前にこうした工事不可期間となる要因を把握し，工事抑制期間（現場の状況を考慮した工事不可期間）を適切に工期設定に反映することが望まれている。

4-7 準備，後片付け期間

❶ 準備期間

運用通知では通年の維持工事を除き，主たる工種区分毎に以下に示す準備期間を最低限必要な日数とし，工事規模や地域の状況に応じて設定することが定められた。

また以下に記載がない工種区分についても，最低30日を最低必要日数として工事内容に合わせて設定することが基本とされた。

工　種	準備期間	工　種	準備期間
河川工事	40日	舗装工事（修繕）	60日
河川・道路構造物工事	40日	共同溝等工事	80日
海岸工事	40日	トンネル工事	80日
道路改良工事	40日	砂防・地すべり等工事	30日
鋼橋架設工事	90日	道路維持工事※1	50日
PC 橋工事	70日	河川維持工事※1	30日
橋梁保全工事	60日	電線共同溝工事	90日
舗装工事（新設）	50日	ダム工事※2	90日

※１　通年維持工事は除く
※２　ダム本体工事を含む工事に限る

ア．工場製作が必要な工事の準備期間

平成29年３月28日付けで大臣官房技術調査課建設システム管理企画室長より各地方整備局等の技術調整管理官等宛てに「橋梁保全工事の発注方法について」として「橋梁保全工事は，通常の工事と異なり，設計段階で詳細な調査が出来ず，設計照査のみならず，施工のために追加調査や製作図の作成，図面修正，修正設計が必要となる場合が多い。加えて，設置部材の製作にも一定の期間を要することとなるため，施工着工までの期間が90日以上に及ぶなど長期にわたることがある。(以下略)」として「部材等の工場製作期間を含む場合は工場から現地への工事の現場が移行する時点において監理技術者の交代は可能とする」等を内容とする事務連絡が出され，この橋梁保全工事の事務連絡の参考として次ページの資料が示された。

＜参考＞橋梁保全工事における現場施工前の工程

国土交通省

1．橋梁保全工事の実施工前作業
- 設計図書の照査：発注図書における設計、施工上の問題点の有無確認
- ３　者　協　議：設計思想、設計条件等の情報の共有、および施工上の課題、問題点等についての意見交換
- 現　地　調　査：施工箇所に近接し、発注図書との相違点の確認および実測
- 施　工　計　画：実際の施工方法（手順、使用空間等を含む）の検討・決定
- 関係機関協議　：施工計画に基づく関係機関との協議
- 製 作 図 作 成：現地調査および施工計画に基づき、発注図の修正（作成）

2．現場施工前の作業
- 製 作 物 製 作：製作図完成後発注。３～４ケ月後納品

3．工程（イメージ）

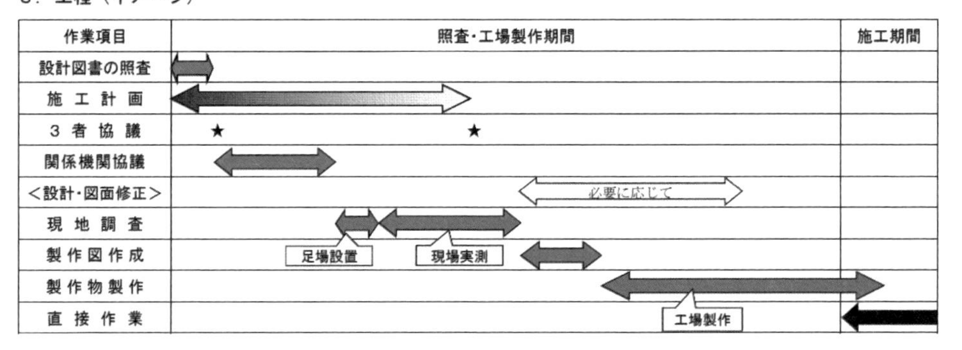

※3者協議については当該工事の難易度等に応じて適切に実施

「橋梁保全工事の発注方法について」の建設システム管理企画室長通知を受け，そのうち工場製作期間の扱いを示すものとして，平成29年４月７日付けで大臣官房技術調査課事業評価・保全企画官より各地方整備局等の技術管理課長等宛てに，工場製作を伴う工事については，標準的な準備期間を用いず，別途適切な準備期間を確保するよう，以下の事務連絡が出されている(強調文字は編者による)。

> **週休２日の推進に向けた工期設定にあたっての留意事項**
> （工場製作期間の取り扱い）
>
> 建設現場における週休２日を推進するための措置として，「週休２日の推進に向けた適切な工期設定の運用について」(平成29年３月28日付け国技建管第19号) において，工期設定にあたっての準備期間の最低限必要な日数がしめされたところである。
>
> この**準備期間には工場製作期間が含まれていない**ため，**工場製作が必要な工**

事については，別途適切な日程を確保されたい。
　なお，鋼橋架設工事は工場製作が含まれる工事がほとんどであるが，鋼橋架設工事の工場製作期間は，重量，形式に係わらず６ヶ月以上かかる実態もあることから，準備期間を含めて６ヶ月程度以上を基本に実態に応じて適切に設定されたい。

　橋梁保全工事における現場施工前の前頁の工程（イメージ）図並びに工期の定義で示した図から判るように，工場製作期間は純粋に準備期間とはならないことも理解しつつ，実態に応じて適切に橋梁保全工事の実施工前作業や現場施工前の作業を設定することが求められている。

イ．各種手続き届出等の期間

　工事に関連して関係各方面に対する各種手続きとしては様々なものがあり，それぞれの項目，内容により工事や作業の開始前に届け出等が必要とされている。以下のリストはこれらに関連するものをチェックリスト（案）として整理されたものである。
　本体工事に入るまでに許可を得る必要があるものについては，「４－１工期の定義」で示したとおり，準備期間となるものであり表中の運用欄を参考に必要に応じて準備期間に反映する必要がある。
　また，書類作成から許可に至る期間には幅があり，本体工事に入るまでに許可を得る必要があるものにもかかわらず，許可が出なかったために工事着手が遅れた場合には，書類の申請日や許可日等を見て，適正に工期の変更を行う事が望まれる。

【表 - 4】各種手続き届出等の期間に関するチェックリスト（案）

<table>
<tr><th rowspan="2">区分
項目</th><th rowspan="2" colspan="2">内容</th><th colspan="2">届出等の期間</th><th rowspan="2">チェック欄</th><th rowspan="2">適要</th></tr>
<tr><th>諸規定</th><th>運用（注2）</th></tr>
<tr><td rowspan="2">労働法関係（注1）</td><td colspan="2">厚生労働大臣への計画を届出（別表2）</td><td>工事開始30日前</td><td>60日程度</td><td></td><td></td></tr>
<tr><td colspan="2">労働基準監督署長へ計画を届出（別表1）</td><td>工事開始14，30日前</td><td>25日程度</td><td></td><td></td></tr>
<tr><td>道路交通関係</td><td colspan="2">道路使用許可</td><td></td><td>10～45日</td><td></td><td></td></tr>
<tr><td rowspan="3">環境保全等対策関係</td><td colspan="2">騒音規制法（別表3）</td><td>作業開始の7日前</td><td>10～40日</td><td></td><td></td></tr>
<tr><td colspan="2">振動規制法（別表4）</td><td>作業開始の7日前</td><td>10～40日</td><td></td><td></td></tr>
<tr><td colspan="2">保安林・保全林</td><td></td><td>40日程度</td><td></td><td></td></tr>
<tr><td rowspan="3">危険物関係</td><td rowspan="2">火薬類</td><td>都道府県知事　貯蔵・消費</td><td></td><td>10～60日</td><td></td><td></td></tr>
<tr><td>所轄警察署　運搬</td><td></td><td>5～40日</td><td></td><td></td></tr>
<tr><td>石油類</td><td>消防署</td><td></td><td>5～40日</td><td></td><td></td></tr>
<tr><td rowspan="5">公有地専用関係</td><td colspan="2">道路法</td><td></td><td>30～40日</td><td></td><td></td></tr>
<tr><td colspan="2">河川法</td><td></td><td>40日程度</td><td></td><td></td></tr>
<tr><td colspan="2">海岸法</td><td></td><td>40日程度</td><td></td><td></td></tr>
<tr><td colspan="2">港湾法</td><td></td><td>40日程度</td><td></td><td></td></tr>
<tr><td colspan="2">都市公園法</td><td></td><td>40日程度</td><td></td><td></td></tr>
<tr><td rowspan="7">地下埋設物関係</td><td colspan="2">電信電話</td><td></td><td>30日程度</td><td></td><td></td></tr>
<tr><td colspan="2">電力</td><td></td><td>30日程度</td><td></td><td></td></tr>
<tr><td colspan="2">ガス</td><td></td><td>30日程度</td><td></td><td></td></tr>
<tr><td colspan="2">上水道</td><td></td><td>30～40日</td><td></td><td></td></tr>
<tr><td colspan="2">下水道</td><td></td><td>30～40日</td><td></td><td></td></tr>
<tr><td colspan="2">用水路</td><td></td><td>30～40日</td><td></td><td></td></tr>
<tr><td colspan="2">排水路</td><td></td><td>30～40日</td><td></td><td></td></tr>
<tr><td rowspan="6">地上障害物関係</td><td colspan="2">送電線</td><td></td><td>30日程度</td><td></td><td></td></tr>
<tr><td colspan="2">通信線</td><td></td><td>30日程度</td><td></td><td></td></tr>
<tr><td colspan="2">索道</td><td></td><td>30日程度</td><td></td><td></td></tr>
<tr><td colspan="2">電柱</td><td></td><td>40日程度</td><td></td><td></td></tr>
<tr><td colspan="2">鉄塔</td><td></td><td>40日程度</td><td></td><td></td></tr>
<tr><td colspan="2">やぐら</td><td></td><td>40日程度</td><td></td><td></td></tr>
<tr><td rowspan="4">各種権利関係</td><td colspan="2">漁業権</td><td></td><td rowspan="4">各事例ごとにバラツキが大きい</td><td></td><td></td></tr>
<tr><td colspan="2">水利権</td><td></td><td></td><td></td></tr>
<tr><td colspan="2">林業権</td><td></td><td></td><td></td></tr>
<tr><td colspan="2">特許権</td><td></td><td></td><td></td></tr>
<tr><td rowspan="2">その他関係機関</td><td colspan="2">交通機関（鉄道・バス・港湾・空港）</td><td></td><td>40～80日</td><td></td><td></td></tr>
<tr><td colspan="2">近隣施設（学校・病院等）</td><td></td><td>40～80日</td><td></td><td></td></tr>
</table>

（注1）　88条3項は14日前，88条1項は30日前に届出ることと定められている。
（注2）　書類作成期間と届出から許可に至るまでの期間
（出典：参考文献3）より作成）

（別表－１）　所轄労働基準監督署長へ計画の届出を必要とする設備または工事

法令条項	設備・工事	能力・規模等
法第88条第１項 安衛則第85条	型枠支保工	支柱の高さが3.5m 以上
	足場	つり足場，張出し足場以外の足場にあっては高さが10m 以上の構造のもの （組立から解体までの期間が60日未満のものは適用除外）
	軌道装置	６月未満の期間で廃止するものは適用除外
	架設通路	高さ及び長さがそれぞれ10m 以上のもの （組立から解体までの期間が60日未満のものは適用除外）
クレーン則第５条	クレーン	吊り上げ荷重３ｔ以上 （吊り上げ荷重３ｔ未満は設置報告書の提出）
クレーン則第96条	デリック	吊り上げ荷重２ｔ以上 （吊り上げ荷重２ｔ未満は設置報告書の提出）
クレーン則第140条	エレベーター	積載荷重１ｔ以上 （積載荷重１ｔ未満は設置報告書の提出）
クレーン則第174条	建設用リフト	ガイドレールまたは昇降路の高さ18m 以上で，積載荷重0.25ｔ以上
ゴンドラ則第10条	ゴンドラ	ゴンドラの設置
法第88条第３項 安衛則第90条	建設工事	高さ31m を超える建築物又は工作物
	橋梁工事	最大支間50m（人口集積地の交通ふくそう箇所では30m 以上50m 未満の橋梁の上部構造）以上
	トンネル工事	ずい道等の建設等の仕事（ずい道等の内部に労働者が立ち入らないものを除く）
	掘削工事	掘削の高さ又は深さが10m 以上
	潜函，シールド工事等	圧気工法による作業
	土石採取工事	掘削の高さ又は深さが10m 以上及び坑内掘りの掘削

（注）　法第88条第１項の届出は設置等の工事の開始日の30日前までに，法第88条第３項の届出は工事の開始日の14日前までに，所定の様式，書類を添付し労働基準監督署長に届出る。
法令条項のうち，法＝労働安全衛生法，令＝労働安全衛生法施行令，安衛則＝労働安全衛生規則，クレーン則＝クレーン等安全規則，ゴンドラ則＝ゴンドラ安全規則。

（別表－2）厚生労働大臣へ計画の届出を必要とする工事

法令条項	工　事	規模等
法第88条第２項 安衛則第89条	建設工事	高さが300m 以上の塔
	ダム工事	堤高が150m 以上
	橋梁工事	最大支間500m 以上（つり橋の場合，最大支間1,000m 以上）
	トンネル工事	長さ3,000m 以上のずい道等
		長さ1,000m 以上3,000m 未満のずい道等で，深さが50m 以上の立て坑の掘削を伴うもの
	潜函，シールド工事等	ゲージ圧力0.3MPa 以上の圧気工法による作業を行う工事

（注）　工事の開始日の30日前までに，所定の様式，書類を添付し厚生労働大臣へ届出る。

（別表－3）騒音規制法で都道府県知事に届出を必要とする作業

①杭打機，杭抜き機又は，杭打ち杭抜き機を使用する作業
②びょう打ち機を使用する作業
③削岩機を使用する作業
④空気圧縮機を使用する作業
⑤コンクリートプラント又は，アスファルトプラントを設けて行う作業
⑥バックホウを使用する作業
⑦トラクタショベルを使用する作業
⑧ブルドーザを使用する作業

（別表－4）振動規制法で都道府県知事に届出を必要とする作業

①杭打機，杭抜き機又は，杭打ち杭抜き機を使用する作業
②鋼球を使用して建築物等を破壊する作業
③舗装版破砕機を使用する作業
④ブレーカを使用する作業

❷ 後片付け期間

後片付け期間は，工事の完成に際して，受注者の機器，余剰資材，残骸及び各種の仮設物を片付けかつ撤去し，現場及び工事にかかる部分の清掃等に要する期間である。

運用通知では通年維持工事を除き，後片付け期間は，工種区分毎に大きな差が見受けられないことから，**20日を最低限必要な日数とし**，工事規模や地域の状況に応じて設定することとされている。

4-8 工程表と工期案の作成

工程表は，4－7で述べた準備期間並びに後片付け期間を踏まえ，4－5で得られた作業別の作業所要日数を用いて工程表を作成する。工程表の作成に当たっては，いろいろとある手法の中から工事内容に見合った手法を選択し，着工から竣工までの工程管理の基本となる全体工期を設定するよう心がけねばならない。

❶ 工程表の種類

主な工程作成手法の特徴と各種工事への適応性について説明する。工程表の種類は，取り上げるもの以外にも種々ある。本節では発注者が，全体工期設定の際によく用いるバーチャートとネットワークによる工程表の作成について，例を挙げて説明する。

【表－5】工程表の種類

区分	線式工程表（バーチャート等）	座標式工程表	ネットワーク
長所	・簡単に作成できる ・概略工程の内容を示すのに適し，直感的で見やすく理解しやすい	・工事を任意の時間と施工場所との関係で把握できるので管理しやすい ・施工速度が把握できる	・作業の順序関係がよく表現できる ・工事のクリティカル・パスがわかる ・計数的に検討できる（日数計算が可能） ・コンピュータシステムとして体系化しやすい
短所	・作業の順序関係が表現できない ・工程の進捗度が把握できない ・日数計算ができない	・使用できる工事が限られる ・日数計算ができない	・作成に多くの労力を必要とするためフォローアップ時の手直しが面倒である ・施工速度の把握が難しい

(1) バーチャート

バーチャートは，概ね次のような手順に従って作成する。（表－6参照）

a．工事全体を主要な作業に細分化し縦の作業名の欄に施工順に記入する
b．aで細分化した各作業の作業数量を計算する
c．各作業の作業所要日数を計算する

d．横軸を時間（月数あるいは年数など）として，c．で計算した各作業の作業所要日数を棒線で書き入れる

工程表作成上の方針としては，通常，次の３つがある。

◇順行法……施工順序に従って，着工日から各部分の作業の着手日と終了日を定めていく方法

◇逆算法……順行法と反対に，竣工日から逆に各部分の作業の時期を定めていく方法

◇重点法……諸条件によって，期日の定められている部分作業を全工期のある時点に釘付けにし，その前後を順行法や逆算法で定めていく方法

また，工程表作成の留意事項は，次のとおりである。

◇先行作業の有無，並行作業の可否，資機材類の転用等，作業相互間の関係を明確にする。

◇主体工事を重点的に考慮するとともに，所要時間の長い作業を早期に着手させる。

◇用地買収や補償問題の進捗，工事現場周辺の環境保全対策等を十分考慮する。

◇必要な資材，機材及び労働力などについて入手，手配可能な状況を考慮し，工期全体にわたり作業量の平準化を測る。

【表 -6】＜バーチャートの例＞橋梁床版工事の場合

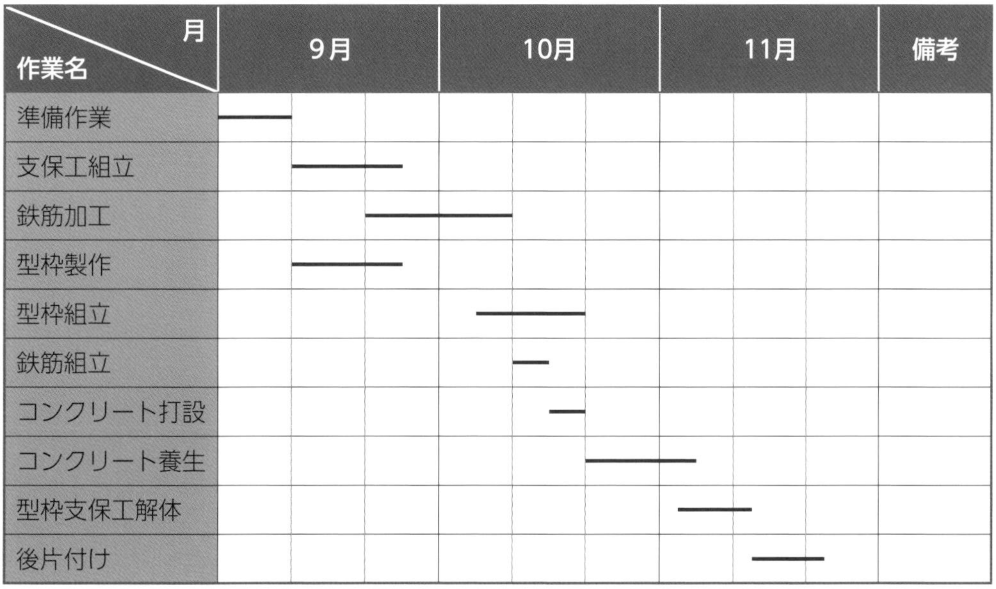

作業名＼月	9月			10月			11月			備考
準備作業										
支保工組立										
鉄筋加工										
型枠製作										
型枠組立										
鉄筋組立										
コンクリート打設										
コンクリート養生										
型枠支保工解体										
後片付け										

⑵　ネットワーク式工程表

ネットワーク手法の基本的ルールは，丸と矢線の結びつきで表現でき，線がその作業の関連性，方向，内容を表示している。

ネットワーク手法について作成の概略を図－４床版工事の施工順序を例に説明する。

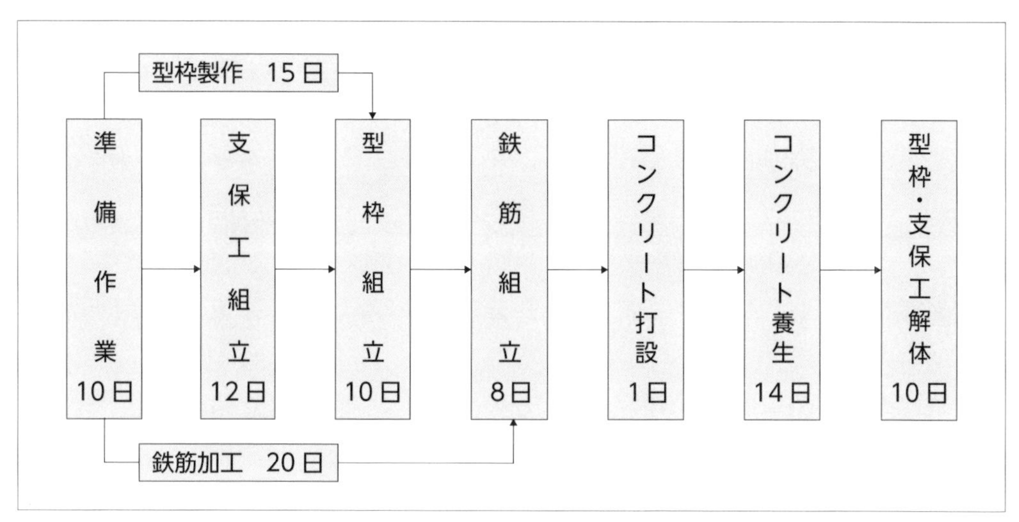

【図－４】床版工事の施工順序

上図の床版工事の施工順序に従い，作業内容ごとに稼働日１日当り施工量を算定し，作業所要日数とした場合，ネットワーク図は，図－５のようになる。このネットワーク図を用いて，工期を短くする場合の検討を行ってみる。

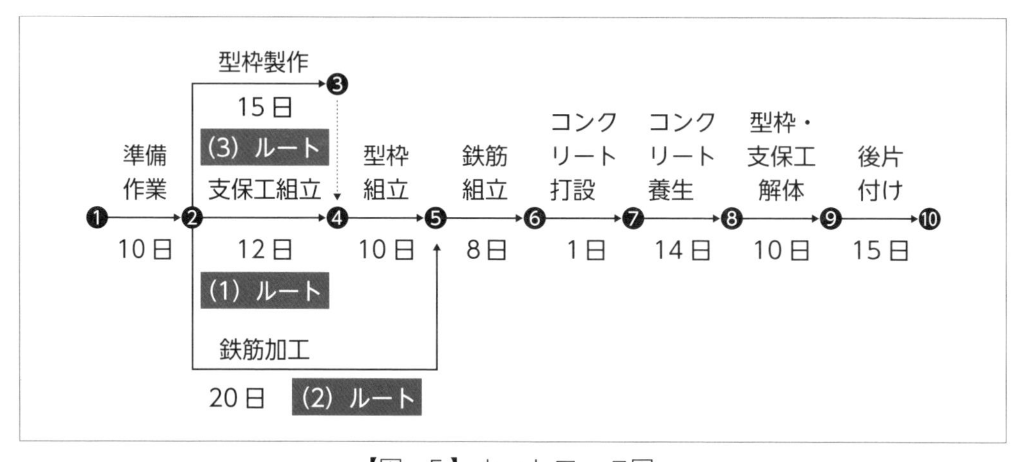

【図－５】ネットワーク図

このネットワーク図の場合，所要日数の算出ルートとしては，次の３ルートが抽出される。

(1)のルート の場合，所要日数は80日

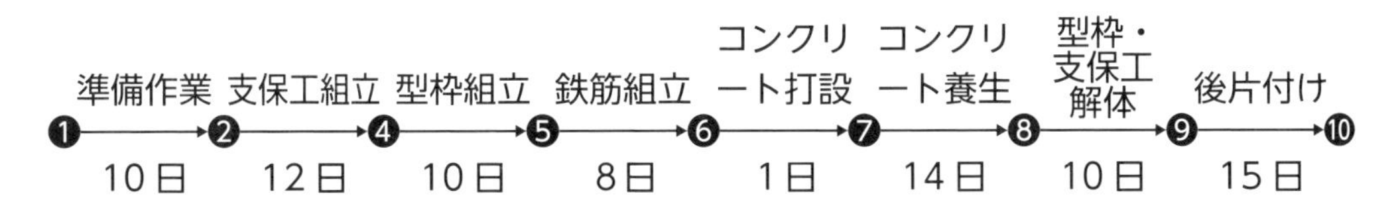

(2)のルート の場合，所要日数は78日

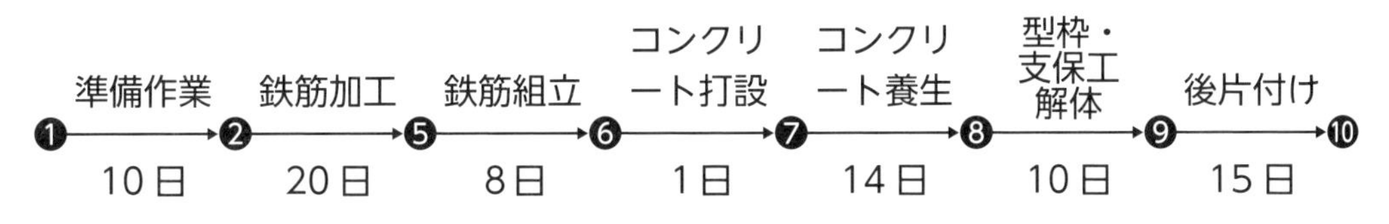

(3)のルート の場合，所要日数は83日（標準工期）

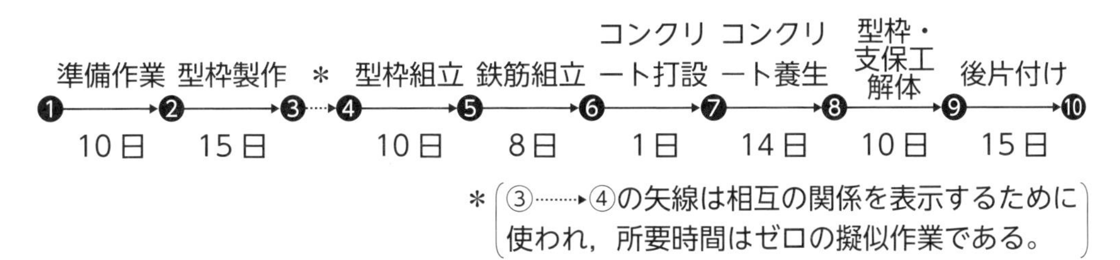

以上の(1)，(2)，(3)のルートのうち，この仕事を完了するのに最も長いルートは(3)のルートであることがわかる。すなわち，それぞれの作業に割りふられた日数が標準の施工速度であるならば，この仕事を全部完了させるためには83日を必要とする。

ところで，今この仕事を81日間で完成させる場合を考えてみよう。

鉄筋組立以下の作業ルートは，ネットワーク図の⑤以下でわかるように(1)，(2)，(3)のルートに共通であるから，これら鉄筋組立以下の作業日数短縮は，そのまま仕事の短縮になる。

例えば，鉄筋組立を６日で行うとすれば，２日分の短縮になるから，各ルートは，

(1)のルートは・・80日－２日＝78日

(2)のルートは・・78日－２日＝76日

(3)のルートは・・83日－２日＝81日

となる。

一方，鉄筋組立⑤以下のルートで短縮しないで，(3)のルートのなかの②⇒③ルートを４日短縮してみると，(3)のルートは83日－４日＝79日となる。

しかし，ここで注意しなければならないことは，②⇒③ルートだけの短縮は(3)ルートのみが短縮されただけであって，(1)及び(2)ルートの所要日数は依然として80日と78日のままである。したがって，この仕事の工期は，

(1)のルート…80日
(2)のルート…78日
(3)のルート…79日（４日短縮された）

となるから，このうち最も長い(1)のルートによってこの仕事の完成日数は80日と決められる。

そこで，今度は更に(1)のルート，即ち②⇒④⇒⑤ルートについて検討してみよう。支保工組立てを１日短縮することが出来れば，(1)のルートも80日－１日＝79日とすることが出来る。

この結果，各ルートの所要日数は，

(1)のルート…79日（１日短縮された）
(2)のルート…78日
(3)のルート…79日（すでに４日短縮されていた）

であるから，(1)と(3)のルートがどちらも同じ79日となる。

以上，考察したこのようなルートのことを経路（またはパス）と呼び，また特にネットワーク図の(3)のルートのように，そのルートの短縮がそのままこの仕事の標準工期（この場合83日）の短縮を意味する場合，これを最重点管理経路あるいは最長経路（クリティカルパス）と呼ぶ。

なお，工事を79日間で完成させる目標で検討したように，日程を短縮（または延長）するたびに，最長経路（クリティカルパス）は移動したり，場合によっては，ルートが複数に及ぶこともあるので注意しなければならない。

従来の横線式工程図表におけるガントチャートやバーチャート方式による工程管理図表では，この最長経路（クリティカルパス）の所在をたやすく見つけだすことが困難である。

❷　工程表と工期案の作成

工期設定のフローに示したとおり，施工条件等各種の条件を確認し，施工手順

を組立て，各作業の作業所要日数を算定して工程表を作成した上で，工事抑制期間（現場の状況を考慮した工事不可期間）を加味して工期案を作成する。

工程表は，バーチャート方式やネットワーク方式など，どの方式で作成しても良いが，国土交通省の工事では運用通知に合わせ，バーチャート方式の工期設定支援システムを作成し，このシステムを活用することとしている。ここでは，事例を用い，バーチャートによる方法で具体的に説明する。

なお，作業の呼称等については出来るかぎり新土木工事積算大系の用語にしたがった。

(1) 擁壁（逆Ｔ型）工事の工程と工期算定例

ここでは，道路改良工事として，場所打ち杭（φ1,000オールケーシング工法）を21本打ち込み，逆Ｔ型擁壁（Ｌ＝12m，Ｈ＝6.860m）を築造する工事を例に工程表を作成し，工期の算定をしてみる。

1）設計・施工条件等

設計数量は下表数量欄のとおりとし，施工に必要な実日数（実働日数）に影響を与える社会的制約条件はないものとする。なお，雨休率は0.7とする。

2）作業所要日数の算定

下表は数量総括表に日当り標準作業量等を加えアレンジしたものである。

場所打杭工の杭頭処理は，単価表の中に組込んでしまう場合もあるが，作業所要日数をきちんと見込む必要がある事に留意する。

工種	種別	細別	規格	単位	数量A	作業日当り（標準）作業量B	施工に必要な実日数（実働日数）C	パーティ数D	作業所要日数E	備考
擁壁工				式	1					
	作業土工	床掘り	土砂，標準，土留無し，障害有り，（B領域分の床掘り）	㎥	340	180 ㎥／日	1.889	1	3.2 ①	
		床掘（掘削）	土砂，1m≦W＜2m，無し，無し	㎥	60	150 ㎥／日	0.4	1	0.7 ②	
		埋戻し	土砂（レキ質土） 1m≦w＜4m未満	㎥	170	61 ㎥／日	2.787	1	4.7	
	場所打杭工	オールケーシング杭	φ1000，掘削長＝24m	本	21	0.55 本／日（注）	38.182	1	64.9③	
		〃（杭頭処理）				6.3 本／日	3.333	1	5.7 ④	
	場所打擁壁工	逆Ｔ型橋台	高さＨ＝6.8m，24-8-25，化粧型枠無し	㎥	153	5.2 ㎥／日	29.423	1	50.0	
		鉄筋工	SD345，D13，10t未満	t	1.1	上記に含む	－	－	－	
		鉄筋工	SD345，D16～25，10t未満	t	4.16	同上	－	－	－	

（注） 掘削長24m（レキ質土，粘性土，砂及び砂質土19m，硬岩（Ⅱ）5m）
掘削日数（日／本）＝(0.03日×19m)＋(0.06日×5m)＝0.87
0.87＋0.97（杭1本当りのコンクリート打設等の施工日数）＝1.81日／本
これを本／日に直すと，1÷1.81＝0.55本／日

作業日当りの標準作業量は，施工に必要な実日数（実働日数）に影響を与える社会的制約条件はないことから，国土交通省土木工事積算基準等に公表されている細別・規格に応じた標準作業量を用いる。

施工に必要な実日数（実働日数）（Ｃ）＝設計数量（Ａ）÷作業日当り（標準）作業量（Ｂ）となる。よって作業日数は以下のように，

作業所要日数（Ｅ）＝施工に必要な実日数（実働日数）（Ｃ）×（１＋雨休率(本例では0.7)）÷パーティ数（Ｄ）で求めることが出来る。

３）工程表の作成

工程表を作成する上で，作業所要日数は通常日単位として考えるのが一般的である。表では0.1日単位として計算し記載しているが，具体に工程表に記載する段階では，作業単位に集計したうえで，基本的に多少なりとも余裕を持った工期とし，切り上げて考えることとする。

具体的には本例の場合①と②は作業区分としては同じ床掘りであり，①＋②＝3.2＋0.7＝3.9≒４日を床掘りの作業所要日数とする。また場所打杭工では③＋④＝64.9＋5.7=70.6≒71日と考える。埋戻しは4.7日≒５日，場所打擁壁工は50日と考える。

これに道路改良工事の標準準備期間である40日と，後片付け期間の標準期間である20日を加え，作業手順を考慮することで下記の工程表を作成す

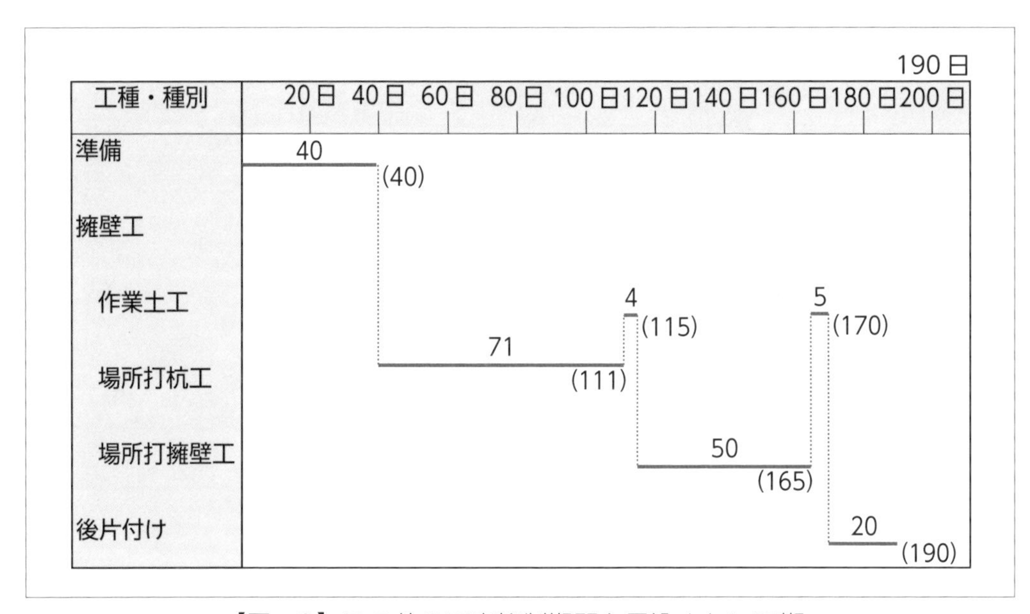

【図－６】その他の工事抑制期間を見込まない工期

ることが出来る。

なお，工期設定上複数のパーティ数を考慮して工期算定を行わざるを得ない場合は，作業区分に応じてパーティ数を考慮した所要日数の算出を行い，工程表を作成する。このほか並行作業が出来る場合は，並行作業も考慮した工程についても検討し，工期短縮を図ることになるが，いずれの場合も，現場条件等を踏まえ，作業に支障が出ないかなどをしっかりと検討し，無理のない工程とする必要がある。

さらに，ここで得られた190日という工期は，工事の性格や地域の実情の他，他工事等の関係で不稼働日が出る場合などの工事抑制期間（現場の状況を考慮した工事不可期間）を考慮したものとなっていないことに留意する。

こうした工事抑制期間（現場の状況を考慮した工事不可期間）がある場合は，工程表作成を通じて得られた工期にこれらの日数を加え，工期案とする。

❸ 最終工期の確定

(1) 標準工期との比較確認

運用通知では，工期設定日数の確認の中で，「設定した日数の合計日数をこれまでの同種類似工事の実際にかかった工期と比べることにより，工期日数の妥当性を確認する。（目安としては，実績値の－10％以上乖離した場合に確認する）」とし，以下の標準工期試算式が示された。

【標準工期試算式（参考値）】
$T = A \times P^{b}$
T：工期
P：直接工事費
A，b：係数

工種	A	b
河川工事	6.5	0.1981
河川・道路構造物工事	1.0	0.3102
海岸工事	0.6	0.3265
道路改良工事	2.2	0.2637
鋼橋架設工事	4.5	0.2373
ＰＣ橋工事	0.9	0.3154
舗装工事	9.9	0.1753
砂防・地すべり等工事	4.6	0.2263
道路維持工事	19.9	0.1422
河川維持工事	20.1	0.1436
下水道工事（1）	0.2	0.4044
下水道工事（2）	1.5	0.2817
下水道工事（3）	1.5	0.2934

これらの算定式は各工種について平成21年から平成25年竣工工事を統計処理したものである。土木工事が，その地域や箇所の特性等から工種や工事金額規模が同じであっても，必ずしも必要な工期が同じになるとは限らないことに注意しつつ，この標準工期試算式と比較し，工期設定の確認を行う。

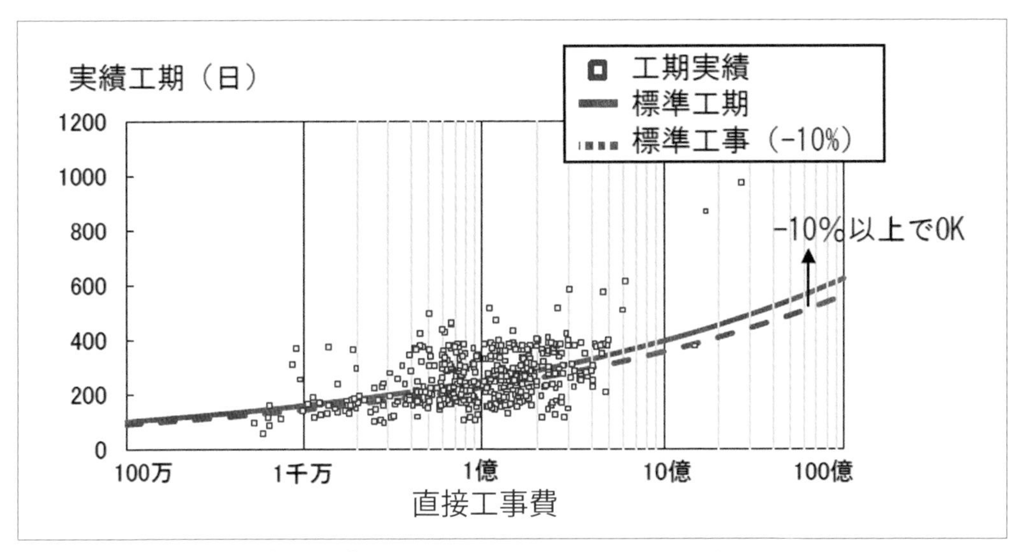

【図－7】直接工事費と実工期の相関分布例

なお，平成27年12月25日付け課長通知「施工時期等の平準化に向けた計画的な事業執行についての運用について」「1　適切な工期の設定について」の(4)では「災害復旧工事，完成時期や施工時期が限定されている工事等の制約条件のある工事については，(2)及び(3)にかかわらず，当該制約条件を踏まえて必要な工期を設定すること。この場合においては，入札説明書及び特記仕様書（営繕工事においては現場説明書。以下同じ。）に当該制約条件を記載すること。」と工期日数の妥当性の確認を求めていない点に留意する。

(2)　最終工期の決定

標準工期との比較が完了しても，工期として決定するわけではない。

パーティ数を増やした場合には工事費の増加額の確認が必要となる場合があるし，完成時期が公約となっている場合には，公約を遵守出来るかの確認が必要となる。国債等の債務手続きが取られていない工事においては，契約時期を考慮しても会計年度を超えることはないかといったことを確認し，会計年度を超える場合には，繰越工事や国債等の活用の可能性を検討する。それでもだめな場合は，必要に応じて施工方針にまで遡り検討，見直しを行う必要がある。こうした確認を経て全て満足する場合に初めて，発注段階での最終工期とする必要がある。

なお運用通知では，工事工程クリティカルパスを共有し，工程に変更が生じた場合には，その要因と変更後の工事工程について受発注者間で共有のうえ，変更理由が受注者の責によらない場合は，適切に工期の変更を行うこととしている。

(参考) 工期設定支援システムについて

国土交通省では，誰が算定しても適正な工期を設定できる環境を整備する必要があるとして，工期設定に際し，歩掛毎の標準的な作業日数や，標準的な作業手順を自動で算出する工期設定支援システムを作成し，平成29年度より維持工事を除き原則的に全ての工事で適用を開始し，広く使用できるようシステムを公開した。

令和元年８月には工期設定支援システム Ver2.0を公開した。国土交通省のHP から同システムやその解説資料をダウンロードすることが出来る※)。

※) 国土交通省 HP のアドレスは，参考文献５）参照。

1）工期設定支援システムの主な機能

工期設定支援システムの主な機能は，以下のとおりである。

① 歩掛（細別）毎の標準的な施工に必要な実数を自動算出
② 雨休率，準備・後片付け期間の設定
③ 工種（細別）単位で標準的な作業手順による工程を自動作成
④ 工事抑制期間の設定
⑤ 過去の同種工事と工期日数の妥当性をチェック
⑥ 工程アシスト機能（細別毎の工程を接続して全体工程案を作成する機能）
⑦ 設計変更に対応した表示機能
⑧ 地方公共団体使用の積算システムのデータも利用可能とする機能

上記のうち，⑥⑦⑧は Ver2.0で追加された新たな機能である。

「⑥工程アシスト機能」は，旧システムでは手動で行い手間を要していた作業を自動で行うものであり，以下の３種の機能（方式）がある。

a）クリティカルパス計算機能：細別毎の施工順を指定し，自動的に工程を接続設定する。

b）工程表アシスト機能：過去に登録した工程表の情報を元に，自動的に工程を接続設定する。

c）工程表アシストAI機能：過去に登録した工程表の情報を教師データとして，AI機能により自動的に工程を接続設定する。

※b）とc）の違いは，b）は選択した類似工事1件を参考に工程案を作成し，c）は複数の類似工事データを教師データとして工程案を作成する。

通常は，c）の工程表アシストAI機能を使用することが推奨されている。

「⑦設計変更に対応した表示機能」は，旧システムは当初設計対応を基本としていたため，新たに設計変更にも対応出来るようにしたものである。当初と変更の2段表示で工程変化の比較が容易に出来る。

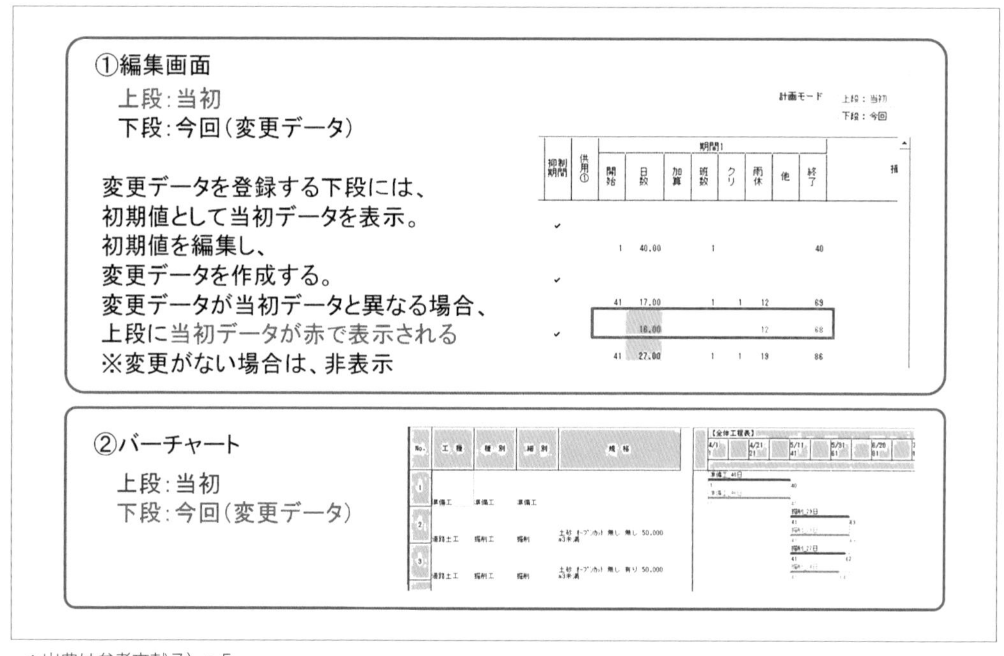

＊出典は参考文献7）p.5

「⑧地方公共団体使用の積算システムのデータも利用可能とする機能」は，国土交通省の新土木工事積算システム以外の積算システムからのデータの取り込みに必要なデータ仕様等を公開することで，どんな積算システムであっても本システムを利用可能とするものである。

■ 工程表作成支援システム（イメージ）

変更設計用工程表を作成する

> 変更設計用の工程表を Excel に出力します。
> バーチャート，バナナ曲線は２段表記となります。
> 　上段：当初
> 　下段：今回（変更）

例

○○道路工事（変更 第1回）　工期 2017/04/01～2017/11/30（244日）

上段：当初
下段：今回

【全体工程表】

No.	工種	上段：種別 下段：細別	単位	数量
1	準備工	準備工 準備工	式	1
2	道路土工	掘削工 掘削	m3	5,000
3	道路土工	掘削工 掘削	m3	3,000 4,500
4	道路土工	路体盛土工 路体(築堤)盛土	m3	5,000
5	道路土工	路体盛土工 路体(築堤)盛土	m3	12,500
6	道路土工	路体盛土工 路体(築堤)盛土	m3	7,500
7	道路土工	路床盛土工 路床盛土	m3	5,000

4/1	4/22	5/12	6/1	6/21	7/11	7/31	8/20	9/9	9/29	10/19	11/8	11/28	12/18
1	21	41	61	81	101	121	141	161	181	201	221	241	261

8/13～8/15(3日)夏季休暇

準備工_40日　1　40
準備工_40日　1　40
掘削_29日　41　69
掘削_31日　41　71
掘削_28日　41　58
掘削_41日　41　81
路体(築堤)盛土_14日　131　147
路体(築堤)盛土_14日　146　159
路体(築堤)盛土_17日　131　150
路体(築堤)盛土_17日　146　162
路体(築堤)盛土_19日　131　152
路体(築堤)盛土_19日　146　164
路床盛土_21日　153　173
路床盛土_21日　165　185

工程表／工程表データ／工程計画情報参考資料／供用日数算出シート
コマンド

＊出典は参考文献６）p.68

2）工期設定支援システムでの作業フロー

工期設定支援システムは、新土木工事積算システムから出力された「工程計画情報 .CSV」のファイルを読み込み，標準作業日数の算出，工種（細別）間の順序接続のアシスト等（工程表作成支援機能）の作業を対象としている。

本システムで作成された工程案をベースとして，現場状況に応じた工種（細別）間の接続，クリティカルパス等の調整を作業者の判断で実施して，それぞれの工事に応じた工程・工期設定をすることが出来る。

> **１．工程計画情報 .CSV　ファイルを作成**：新土木工事積算システムから工期設定支援システムで施工日数算出のために必要な情報（歩掛コード・施工パッケージコード，Ｊ条件の設問回答組み合わせ，歩掛適用年月）を出力する。
> ・施工日数算出のために必要な情報は，細別（レベル４）直下の単価表（１次単価表・１式当り内訳書）まで出力される。

2．工期設定支援システムを起動し，CSV ファイルをインポート：工期設定支援システムに CSV ファイルをインポートした際に工事情報の一部が自動入力される。

3．工事情報等入力欄に入力する：3）参照

4．工期抑制期間の設定，工程表データを入力：4）参照

5．工程の自動接続：工程アシスト機能（a）クリティカルパス計算機能，b）工程表アシスト機能，c）工程表アシスト AI 機能）により，自動的にクリティカルな工程が設定される。5）参照

6．バーチャート表示・編集：設定した各工程の内容に従って，バーチャート表示されるので，画面で工程を確認し，必要な編集を行う。

7．工期の妥当性判断：標準工期との比較確認を行う。（標準工期より△10％未満の工期であれば，「工期要確認」と表示する。標準工期は，本書３-１（２）３．工種区分別の直接工事費と実工期の相関分析より作成した計算式による期間日数。）

8．作成結果をエクセルに出力：エクセルシートにバーチャートなどのデータを出力し，必要に応じて編集。6）参照

9．変更設計用工程表の作成，工程表情報の登録など

3）工事情報等入力欄に入力する

入力する工事情報等は次表のとおりである。

これらの項目のうち，「自動入力」欄に「○」がついている項目は，新土木積算システムより出力した CSV ファイルから読み込まれる。自動入力されたデータを確認して必要な場合は手動により修正する。自動入力されない項目は手動入力する。

■ 工事情報等

番号	項目名	自動入力	内容
①	工事名称	○	新土木積算システムに登録した工事名称を入力します。 CSV ファイル読み込み機能により自動入力されますが，手動による入力・編集も可能です。
②	地先名	○	新土木積算システムに登録した地先名を入力します。 CSV ファイル読み込み機能により自動入力されますが，手動による入力・編集も可能です。
③	事業区分	○	新土木積算システムに登録した事業区分を入力します。 CSV ファイル読み込み機能により自動入力されます。
④	工事区分	○	新土木積算システムに登録した工事区分を入力します。 CSV ファイル読み込み機能により自動入力されます。
⑤	工期　自／工期　至	○	新土木積算システムに登録した工期（自／至）を入力します。 CSV ファイル読み込み機能により自動入力されますが，手動による入力・編集も可能です。
⑥	工期日数	○	工期（自）～工期（至）より算出した工期日数を表示します。 入力した場合には工期（自）からの日数を計算し工期（至）を自動修正します。
⑦	直接工事費（円）		新土木積算システムで算出された直接工事費を入力します。 適正工期の判定を行う際に使用します。CSV ファイル読み込み時に入力します。
⑧	整備局		地方整備局名を選択します。
⑨	工程表開始日		バーチャートの表示開始年月日を入力します。工期（自）の年月日が初期値です。
⑩	対象工事区分		過去実績における工事区分ごとの実績値と金額規模による式から算出された。 適正工期日数を求める基準となる対象工事区分を選択します。
⑪	準備工（日数）	○	準備工に必要な日数を入力します。対象工事区分の選択内容に基づき規定の日数が初期値として入力されますが，手動による入力・編集も可能です。
⑫	後片付け工（日数）	○	後片付け工に必要な日数を入力します。対象工事区分の選択内容に基づき規定の日数が初期値として入力されますが，手動による入力・編集も可能です。

⑬	雨休率（係数）	○	雨休率を小数点２位まで入力します。システムの初期値設定の値が自動入力されますが，手動による入力・編集も可能です。

＊出典は参考文献６）p.27

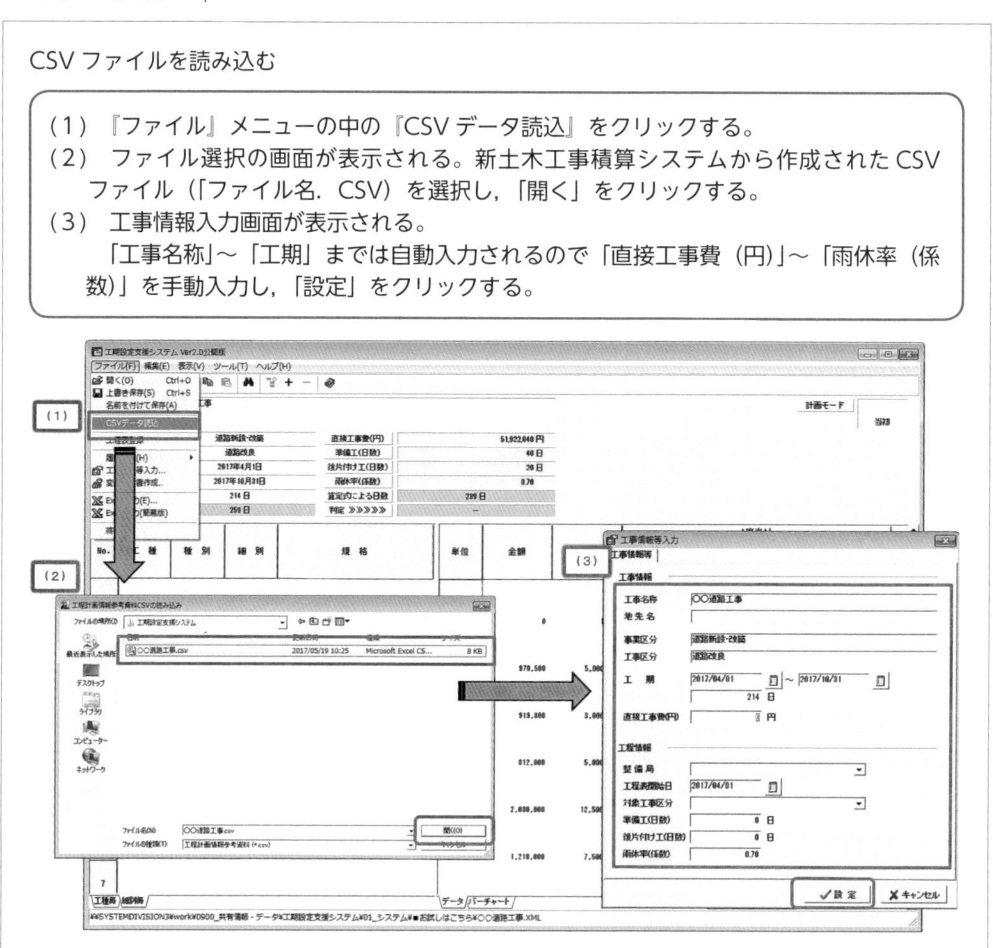

＊出典は参考文献６）p.26

4）工程表データを入力

工種（細別）毎の工程作成に関するデータを入力する（自動入力されたデータを編集する）。

次図の工程表データの概要は，次のとおりである。

（1）は，各細別毎の「金額」。

（2）は，１班当りの「日当り作業量」，「標準作業日数」，「雨休日」。

「日当り作業量」のマスターデータは，国土交通省制定の土木工事標準積算基準書に収録されている。該当工種がない場合は手動入力となる。

「雨休日」は，「雨休率による閉所日数」が自動入力される。なお，雨休の実数（「現場閉所日数」，「気象による休日数」）による入力も可能で，実数入力が優先される。

（3）は，「設定残日数」。（2）の標準作業日数と（4）の各期間日数との差異を表示する。

（4）は，各工程の「開始」「日数」「加算」「班数」を入力する。「日数」はCSV 読み込み時に自動入力される。「開始」「日数」「班数」については，初期値（自動入力値）を変更した場合は赤色にハッチされ，「開始」は，自動入力値が変更され，かつ入力不可の状態の場合には青色にハッチされる。

（5）は，入力値より計算される。「雨休」は「日数」に対する雨休率を考慮した日数，「他」は工期抑制期間に重なる日数及び「加算」の合計。「終了」は当該細別の終了までの日数が表示される。

■ 工程表データ

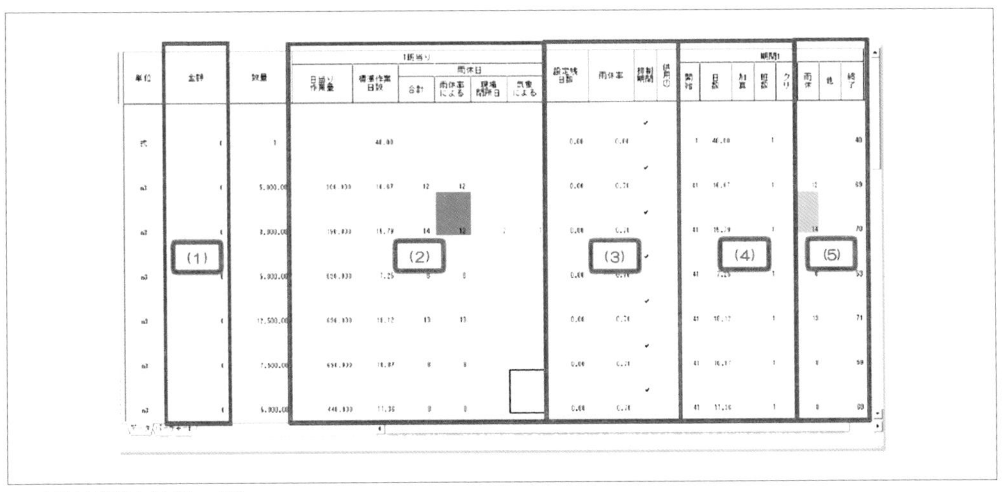

＊出典は参考文献6）p.30

5）工程の自動接続

工程アシスト機能により細別毎の工程を自動的に接続して全体工程案を作成する。工程アシスト機能（方式）には，(a) クリティカルパス計算機能，(b) 工程アシスト機能，(c) 工程アシスト AI 機能の3方式がある。

工程表アシスト機能を使用する

過去に登録した工程表の情報を元に工程の接続を自動で行います。
※初期状態は積算基準データのみ
(1) 「編集」メニューより「工程表アシスト」を選択します。
(2) 過去に登録された工程表の情報の一覧から使用する情報を選択します。
※工事情報の「事業区分」「工事区分」「対象工事区分」に一致するものを参考情報として一覧表示します
(3) 「開始」ボタンをクリックし処理を実行すると，選択された情報と一致する工種体系があれば，自動で工程の接続が行われます。
(4) 過去に登録した工程表を一覧から削除することができます。（ただし，一度削除した工程表は戻りません）

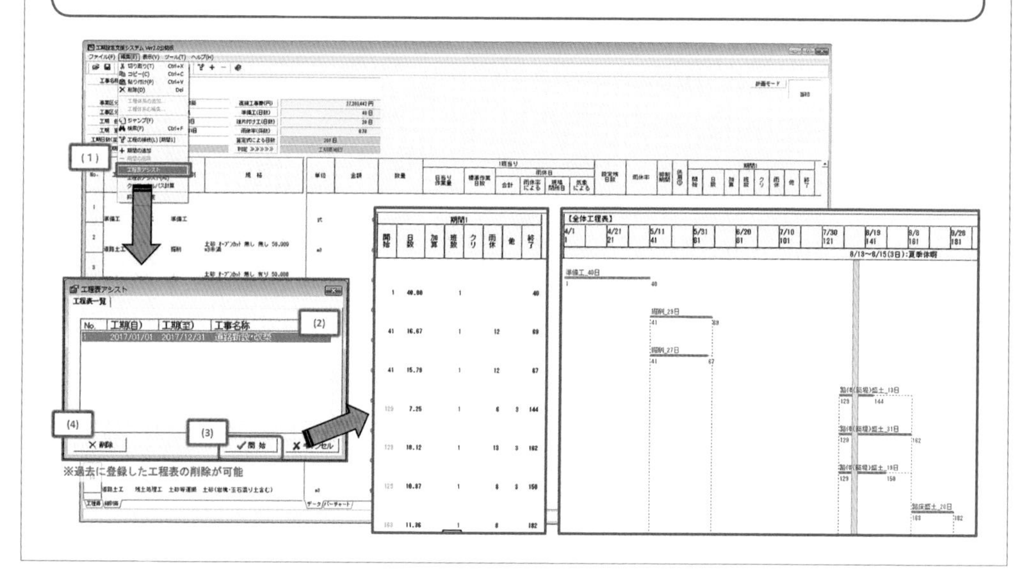

＊出典は参考文献6）p.44

工程表アシスト（AI）機能を使用する

工程表の情報に類似する事例データを解析し，工程の接続を自動で行います。
（1）「編集」メニューより「工程表アシスト（AI）」を選択します。
（2）候補となる事例データの全数，地整別件数，工事金額別件数が一覧表示されます。
※工事情報の「事業区分」「工事区分」「対象工事区分」に一致し，工程計画情報で類似するものを解析の対象として一覧表示します
（3）「開始」ボタンをクリックすると，抽出した事例データを解析し，自動で工程の接続が行われます。

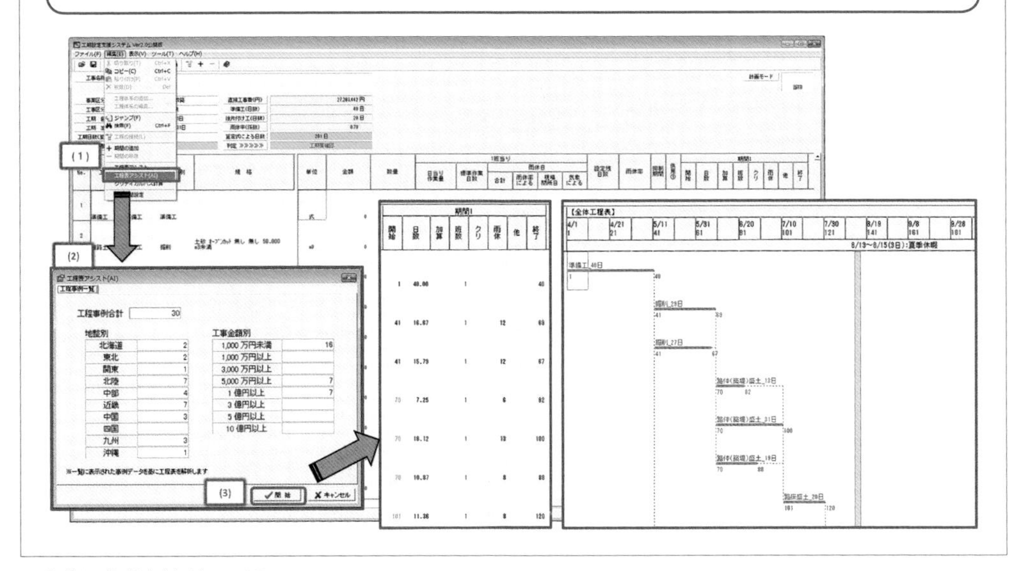

＊出典は参考文献6）p.45

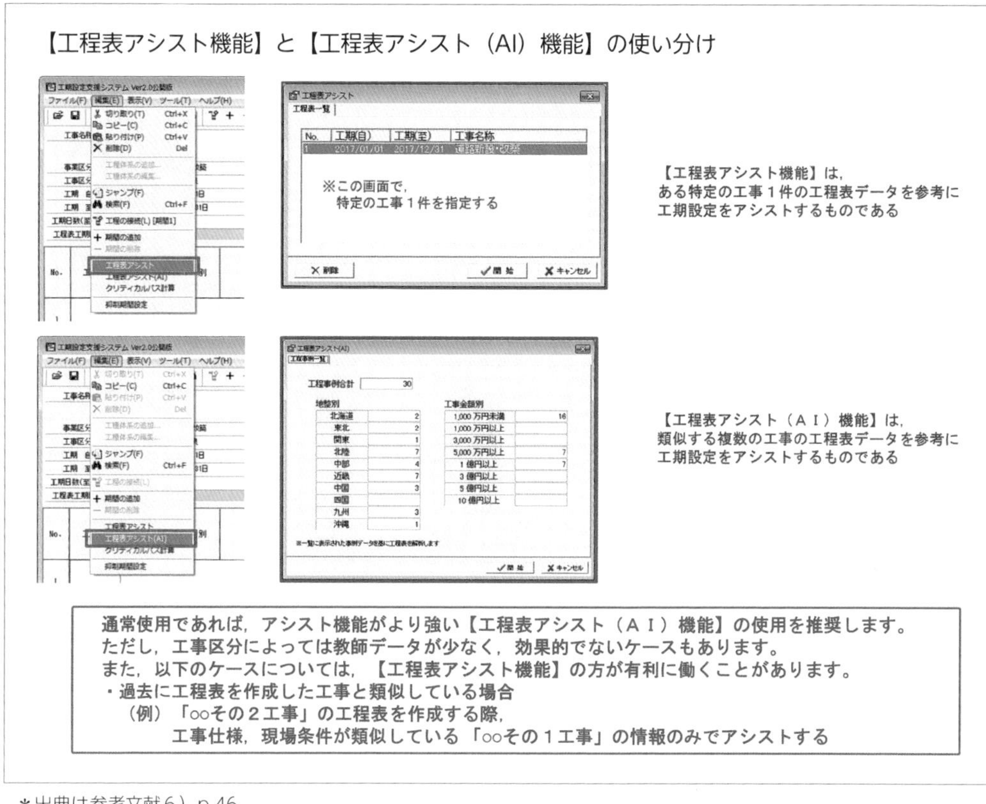

＊出典は参考文献６）p.46

６）作成結果をエクセル（Excel）に出力

工期設定支援システムでの工程作成結果をエクセルシートに出力し，必要に応じて編集できる。

出力結果シートは，次図の【工程表】の他，【工程表データ】【工程計画情報参考資料】【供用日数算出シート】がある。エクセル出力後は，通常のエクセルでの操作が可能となり，バーチャート欄を自由に編集することが出来る。

■ エクセルへの出力例（【工程表】）

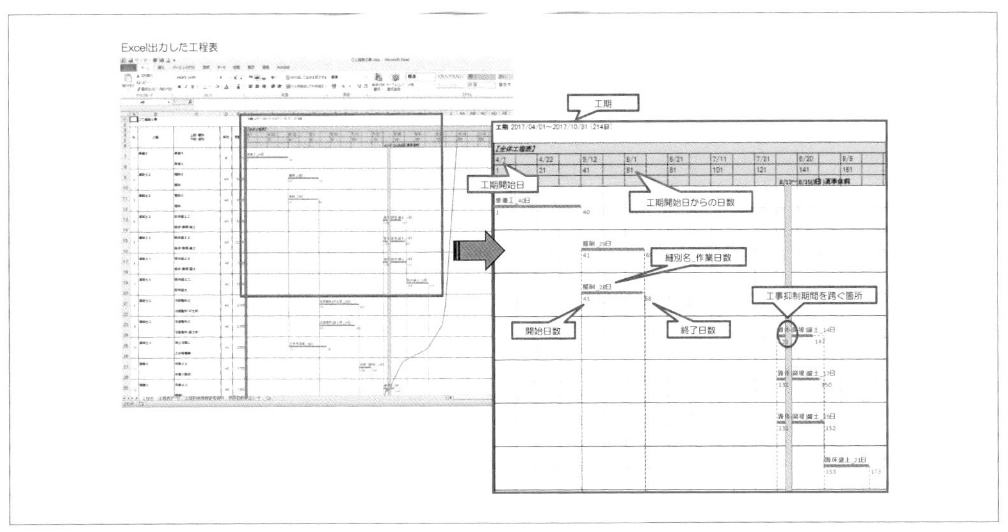

＊出典は参考文献6）p.57

（参考文献）

1） 公共工事の諸課題に関する意見交換会（日建連提案テーマ参考資料），（一財）日本建設業連合会，2016年5月
2） 国土交通省大臣官房技術調査課監修：国土交通省土木工事積算基準，（一財）建設物価調査会，2017年5月，2019年5月
3） 建設大臣官房技術調査室監修，土木工事積算研究会：公共土木工事　工期設定の考え方と事例集，（財）建設物価調査会，1996年5月
4） 国土交通省：週休二日等休日の拡大に向けた取組について，発注者責任を果たすための今後の建設生産・管理システムのあり方に関する懇談会平成28年度第3回資料2，2017年3月
5） 国土交通省 HP> 政策・仕事 > 技術調査 > 働き方改革・建設現場の週休2日応援サイト < http://www.mlit.go.jp/tec/tec_tk_000041.html >
6） 工期設定支援システム Ver2.0公開版利用の手引き，国土交通省，2019年8月
7） 工期設定支援システム Ver2.0公開版の概要，国土交通省，2019年8月

第4章

第5章 契約後の工期に関する適切な対応

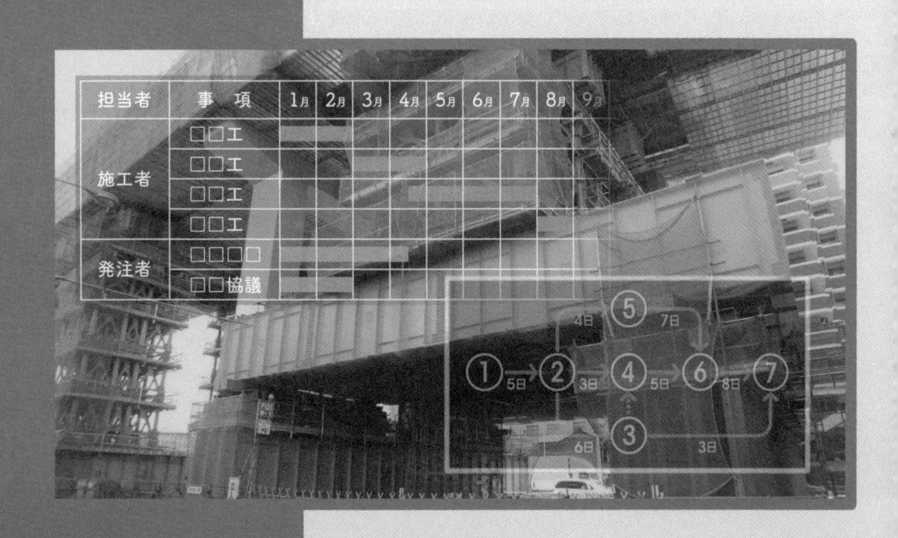

5-1 工期及び工期の変更に関連する契約約款の規定

国土交通省や地方公共団体など公共工事の各発注者はそれぞれの契約約款を定めているが，本節ではそれらの基本となっている中央建設業審議会が決定した「公共工事標準請負契約約款」から工期及び工期の変更に関連する条項を抜き出して解説する。

他の条項及び工期関連以外の解説については，参考図書[※]をご覧いただきたい。

（※）「改訂４版 公共工事標準請負契約約款の解説」（大成出版社）

（総則）
第１条　発注者及び受注者は，この約款（契約書を含む。以下同じ。）に基づき，設計図書（別冊の図面，仕様書，現場説明書及び現場説明に対する質問回答書をいう。以下同じ。）に従い，日本国の法令を遵守し，この契約（この約款及び設計図書を内容とする工事の請負契約をいう。以下同じ。）を履行しなければならない。
２　受注者は，契約書記載の工事を契約書記載の工期内に完成し，工事目的物を発注者に引き渡すものとし，発注者は，その請負代金を支払うものとする。
３　仮設，施工方法その他工事目的物を完成するために必要な一切の手段（以下「施工方法等」という。）については，この約款及び設計図書に特別の定めがある場合を除き，受注者がその責任において定める。
４～12　（略）

- 約款は契約書と各条で構成され，工期は契約書に記載されている。工事の具体的な内容や各種の施工条件は設計図書に記載される。
- 第１項，第２項により，この契約は民法の請負契約に当たり，受注者の契約上の義務は，「契約書記載の工事を契約書記載の工期内に完成し，工事目的物を発注者に引き渡す」ことである。

  参考：民法632条（請負）

  請負は，当事者の一方がある仕事を完成することを約し，相手方がその仕事の結果に対してその報酬を支払うことを約することによって，その効力を生ずる

- 工期内に完成しない場合については，第47条（発注者の催告による解除権），第55条（発注者の損害賠償請求等）の規定が設けられている。
- 第３項では，施工方法は受注者の裁量に委ねるといういわゆる「自主施工の原則」を規定している。一方，約款及び設計図書に特別の定めがある場合は指定仮設，指定工法などと呼ばれ，その指定仮設や指定工法を発注者が変更する場合には，必要があると認められるとき工期，請負代金額の変更を行うことが第19条（設計図書の変更）に規定されている。
- 約款及び設計図書に特別の定めがない場合は，受注者の責任において仮設，施工方法を定めることから，原則として仮設や施工方法の変更は工期の変更理由とならない。
- 設計図書に示された条件のもとで受注者が採用していた仮設や施工方法を，前提となる条件が変更されたため変更する場合には，第18条（条件変更等）に，条件変更に伴う設計図書の変更が規定されている。
- また，第18条第１項第五号により，条件が明示されていなくても予期できない特別な場合には設計図書を変更することができる。

【関連する条件明示項目】仮設備の指定，架設工法の指定

（関連工事の調整）
第２条　発注者は，受注者の施工する工事及び発注者の発注に係る第三者の施工する他の工事が施工上密接に関連する場合において，必要があるときは，その施工につき，調整を行うものとする。この場合においては，受注者は，発注者の調整に従い，当該第三者の行う工事の円滑な施工に協力しなければならない。

- 関連工事の調整は発注者の責務であり，受注者はその調整に協力することとされている。
- 第三者の行う工事の円滑な施工に協力するために当該工事の工程の影響がある場合には，「受注者の責めに帰すことができない」として，第20条（工事の中止），第22条（受注者の請求による工期の延長）が適用され，必要があると認められるとき工期の変更が行われる。

【関連する条件明示項目】関連工事との調整内容・時期

（支給材料及び貸与品）

第15条　発注者が受注者に支給する工事材料（以下「支給材料」という。）及び貸与する建設機械器具（以下「貸与品」という。）の品名，数量，品質，規格又は性能，引渡場所及び引渡時期は，設計図書に定めるところによる。

2　監督員は，支給材料又は貸与品の引渡しに当たっては，受注者の立会いの上，発注者の負担において，当該支給材料又は貸与品を検査しなければならない。この場合において，当該検査の結果，その品名，数量，品質又は規格若しくは性能が設計図書の定めと異なり，又は使用に適当でないと認めたときは，受注者は，その旨を直ちに発注者に通知しなければならない。

3　（略）

4　受注者は，支給材料又は貸与品の引渡しを受けた後，当該支給材料又は貸与品に種類，品質又は数量に関しこの契約の内容に適合しないこと（第二項の検査により発見することが困難であったものに限る。）などがあり使用に適当でないと認めたときは,その旨を直ちに発注者に通知しなければならない。

5　発注者は，受注者から第二項後段又は前項の規定による通知を受けた場合において，必要があると認められるときは，当該支給材料若しくは貸与品に代えて他の支給材料若しくは貸与品を引き渡し，支給材料若しくは貸与品の品名，数量，品質若しくは規格若しくは性能を変更し，又は理由を明示した書面により，当該支給材料若しくは貸与品の使用を受注者に請求しなければならない。

6　発注者は，前項に規定するほか，必要があると認めるときは，支給材料又は貸与品の品名，数量，品質，規格若しくは性能，引渡場所又は引渡時期を変更することができる。

7　発注者は，前二項の場合において，必要があると認められるときは工期若しくは請負代金額を変更し，又は受注者に損害を及ぼしたときは必要な費用を負担しなければならない。

8～11　（略）

●第１項により，支給材料及び貸与品は発注者が設計図書に定める。

●監督員が行った検査の結果，支給材料及び貸与品が設計図書の定めと異なり，又は使用に適当でないと認めた場合（第２項），支給材料及び貸与品に契約の内容に適合しないことがあった場合（第４項）には受注者が発注者に通知する。

●第５項では，通知を受けた発注者は次のいずれかを行うこととしている。
①他の支給材料又は貸与品を引き渡す。
②支給材料又は貸与品の品名，数量，品質，規格・性能を変更する。
③理由を付して受注者に当該支給材料又は貸与品の使用を請求する。
●第６項では発注者による支給材料又は貸与品の変更を規定している。
●第５項又は第６項において，必要があると認めるとき，工期，請負代金額を変更する。

【関連する条件明示項目】支給材料及び貸与品の品名，数量，品質，規格又は性能，引渡場所及び引渡時期

（工事用地の確保等）
第16条　発注者は，工事用地その他設計図書において定められた工事の施工上必要な用地（以下「工事用地等」という。）を受注者が工事の施工上必要とする日（設計図書に特別の定めがあるときは，その定められた日）までに確保しなければならない。
２～５　（略）

●工事用地等の確保は，発注者の責務とされている。
●工事用地等の確保が遅れた場合には，「受注者の責めに帰すことができない」として第20条（工事の中止）により，工事を一時中止し，必要があると認められるとき工期，請負代金額を変更する規定が適用される。

【関連する条件明示項目】工事用地等の確保の見込み

（設計図書不適合の場合の改造義務及び破壊検査等）
第17条　受注者は，工事の施工部分が設計図書に適合しない場合において，監督員がその改造を請求したときは，当該請求に従わなければならない。この場合において，当該不適合が監督員の指示によるときその他発注者の責めに帰すべき事由によるときは，発注者は，必要があると認められるときは工期若しくは請負代金額を変更し，又は受注者に損害を及ぼしたときは必要な費用を負担しなければならない。
２～４　（略）

●施工部分が設計図書と適合せず，その不適合が監督員の指示によるなど発注者の責めに帰すべき事由による場合には，必要があると認められるとき，工期，請負代金額を変更することが規定されている。

（条件変更等）
第18条　受注者は，工事の施工に当たり，次の各号のいずれかに該当する事実を発見したときは，その旨を直ちに監督員に通知し，その確認を請求しなければならない。
一　図面，仕様書，現場説明書及び現場説明に対する質問回答書が一致しないこと（これらの優先順位が定められている場合を除く。）。
二　設計図書に誤謬又は脱漏があること。
三　設計図書の表示が明確でないこと。
四　工事現場の形状，地質，湧水等の状態，施工上の制約等設計図書に示された自然的又は人為的な施工条件と実際の工事現場が一致しないこと。
五　設計図書で明示されていない施工条件について予期することのできない特別な状態が生じたこと。
２～３　（略）
４　前項の調査の結果において第１項の事実が確認された場合において，必要があると認められるときは，次の各号に掲げるところにより，設計図書の訂正又は変更を行わなければならない。
一～三　（略）
５　前項の規定により設計図書の訂正又は変更が行われた場合において，発注者は，必要があると認められるときは工期若しくは請負代金額を変更し，又は受注者に損害を及ぼしたときは必要な費用を負担しなければならない。

●第１項では，施工にあたり受注者が次の事実を発見した場合に監督員に通知することを規定している。
①　設計図書間の不一致
②　設計図書の誤謬・脱漏
③　設計図書の表示が不明確
④　設計図書に示された施工条件と実際の工事現場の不一致
⑤　設計図書に明示されていない施工条件について予期できない特別な状態の

発生

- ④は，設計図書に明示された条件が実際と相違する場合の変更に伴う設計変更についての規定であり，自然的条件，人為的条件を設計図書に明示することにより変更の要否が明確になる。
- ⑤により，条件明示されていない場合でも「予期できない特別な状態」が生じた場合には本条の各項が適用されるが，しかし「予期できない特別な状態」について受発注者間で見解が異なる可能性もあるため，施工条件については可能な限り詳細に示されることが望ましい。
- 第４項では第１項の事実が確認され，必要があると認められるとき，設計図書を訂正，変更すること，第５項では，必要があると認められるとき，工期，請負代金額を変更することを規定している。

【関連する条件明示項目】自然的条件，社会的条件，工法指定

(設計図書の変更)
第19条　発注者は，必要があると認めるときは，設計図書の変更内容を受注者に通知して，設計図書を変更することができる。この場合において，発注者は，必要があると認められるときは工期若しくは請負代金額を変更し，又は受注者に損害を及ぼしたときは必要な費用を負担しなければならない。

- 発注者の意思によって設計図書を変更できる規定である。
- 設計図書の変更に伴い，必要があると認められるときは，工期，請負代金額の変更を行う。

(工事の中止)
第20条　工事用地等の確保ができない等のため又は暴風，豪雨，洪水，高潮，地震，地すべり，落盤，火災，騒乱，暴動その他の自然的又は人為的な事象(以下「天災等」という。)であって受注者の責めに帰すことができないものにより工事目的物等に損害を生じ若しくは工事現場の状態が変動したため，受注者が工事を施工できないと認められるときは，発注者は，工事の中止内容を直ちに受注者に通知して，工事の全部又は一部の施工を一時中止させなければならない。

2　発注者は，前項の規定によるほか，必要があると認めるときは，工事の中止内容を受注者に通知して，工事の全部又は一部の施工を一時中止させることができる。
3　発注者は，前二項の規定により工事の施工を一時中止させた場合において，必要があると認められるときは工期若しくは請負代金額を変更し，又は受注者が工事の続行に備え工事現場を維持し若しくは労働者，建設機械器具等を保持するための費用その他の工事の施工の一時中止に伴う増加費用を必要とし若しくは受注者に損害を及ぼしたときは必要な費用を負担しなければならない。

●第１項は，受注者の責めに帰すことができないことが原因で工事を施工できない場合に，発注者は工事の全部又は一部を一時中止することができる規定である。
●第２項は，発注者の意思によって工事の全部又は一部を一時中止することができる規定である。
●第３項によって工事を一時中止した場合に，必要があると認められるときは工期，請負代金額を変更する。
●また，工事中止が長期間解除されない場合には，第52条（受注者の催告によらない解除権）が適用される場合もある。

【関連する条件明示項目】自然的条件，社会的条件，関連工事・用地関係

（著しく短い工期の禁止）
第21条　発注者は，工期の延長又は短縮を行うときは，この工事に従事する者の労働時間その他の労働条件が適正に確保されるよう，やむを得ない事由により工事等の実施が困難であると見込まれる日数等を考慮しなければならない。

●発注者は，工期の延長又は短縮を行うときは，工事に従事する者の労働時間等の労働条件を適正に確保するよう，工事等の実施が困難である日数等を考慮する。
●第21条は，令和２年10月１日から適用する。

（受注者の請求による工期の延長）
第22条　受注者は，天候の不良，第２条の規定に基づく関連工事の調整への

協力その他受注者の責めに帰すことができない事由により工期内に工事を完成することができないときは，その理由を明示した書面により，発注者に工期の延長変更を請求することができる。
2　発注者は，前項の規定による請求があった場合において，必要があると認められるときは，工期を延長しなければならない。発注者は，その工期の延長が発注者の責めに帰すべき事由による場合においては，請負代金額について必要と認められる変更を行い，又は受注者に損害を及ぼしたときは必要な費用を負担しなければならない。

●第1項により，受注者の責めに帰すことができない事由（天候不良，関連工事の調整への協力，その他）によって工期内に完成できない場合に受注者から工期の延長変更を請求できる。
●「第2条の規定に基づく関連工事の調整への協力」とは，第三者の工事との調整により，当該工事の施工を遅らせる場合などが該当する。
●第2項により，請求があった場合，必要と認められるときは，工期を延長する。さらに，発注者の責めに帰すべき事由の場合には，必要があると認めるとき，請負代金額の変更等を行う。

【関連する条件明示項目】自然的条件，社会的条件，関連工事・用地関係

（発注者の請求による工期の短縮等）
第23条　発注者は，特別の理由により工期を短縮する必要があるときは，工期の短縮変更を受注者に請求することができる。
2　発注者は，前項の場合において，必要があると認められるときは請負代金額を変更し，又は受注者に損害を及ぼしたときは必要な費用を負担しなければならない。

●特別な理由がある場合，発注者から受注者に工期の短縮変更を請求することができる。「特別な理由」としては，施設の供給時期を繰り上げる必要が生じた場合などが考えられる。
●第2項では，前項による工期短縮に伴い，必要があると認められる場合に請負代金額の変更等を行う。
●著しく短い工期は，第21条で禁止されている。

（工期の変更方法）
第24条　工期の変更については，発注者と受注者とが協議して定める。ただし，協議開始の日から○日以内に協議が整わない場合には，発注者が定め，受注者に通知する。
（注）　○の部分には，工期及び請負代金額を勘案して十分な協議が行えるよう留意して数字を記入する。
２　前項の協議開始の日については，発注者が受注者の意見を聴いて定め，受注者に通知するものとする。ただし，発注者が工期の変更事由が生じた日（第22条の場合にあっては発注者が工期変更の請求を受けた日，前条の場合にあっては受注者が工期変更の請求を受けた日）から○日以内に協議開始の日を通知しない場合には，受注者は，協議開始の日を定め，発注者に通知することができる。
（注）　○の部分には，工期を勘案してできる限り早急に通知を行うよう留意して数字を記入する。

- 第１項では，工期の変更は発注者・受注者の協議事項であり，協議が整わない場合は発注者が決定し受注者に通知することを規定している。
- 第２項は，工期変更の協議を開始する日に関する規定である。
- 発注者の決定に対して受注者に不服がある場合には，第59条（あっせん又は調停）が適用されることになる。

（請負代金額の変更に代える設計図書の変更）
第31条　発注者は，第８条，第15条，第17条から第20条まで，第22条，第23条，第26条から第28条まで，前条又は第34条の規定により請負代金額を増額すべき場合又は費用を負担すべき場合において，特別の理由があるときは，請負代金額の増額又は負担額の全部又は一部に代えて設計図書を変更することができる。この場合において，設計図書の変更内容は，発注者と受注者とが協議して定める。ただし，協議開始の日から○日以内に協議が整わない場合には，発注者が定め，受注者に通知する。
（注）　○の部分には，工期及び請負代金額を勘案して十分な協議が行えるよう留意して数字を記入する。
２　（略）

●約款の各条（下記）の規定により，請負代金額を増額変更すべき場合又は費用を負担すべき場合において，特別な理由がある場合，その全部又は一部に代えて，設計図書を変更することが出来る規定である。

第８条（特許権等の使用）　第15条（支給材料及び貸与品）
第17条（設計図書不適合の場合の改造義務及び破壊検査等）
第18条（条件変更等）　第19条（設計図書の変更）
第20条（工事の中止）　第22条（受注者の請求による工期の延長）
第23条（発注者の請求による工期の短縮等）
第26条（賃金又は物価の変動に基づく請負代金額の変更）
第27条（臨機の措置）　第28条（一般的損害）
第30条（不可抗力による損害）　第34条（部分使用）

●「特別な理由」としては，例えば予算上の制約などが考えられる。
●第19条により，設計図書の変更に伴い，必要があると認められるには，工期の変更もありうる。

（部分使用）
第34条　発注者は，第32条第４項又は第５項の規定による引渡し前においても，工事目的物の全部又は一部を受注者の承諾を得て使用することができる。
２～３　（略）

●発注者は工事目的物の引渡しを受ける前に，その全部又は一部を受注者の承諾を得たうえで使用することができる。設計図書に箇所及び使用時期を明示することにより，受注者はそれを前提とした工程計画を作成することができる。

【関連する条件明示項目】部分使用を行う箇所及び使用時期

（部分引渡し）
第39条　工事目的物について，発注者が設計図書において工事の完成に先だって引渡しを受けるべきことを指定した部分（以下「指定部分」という。）がある場合において，当該指定部分の工事が完了したときについては，第32条中「工事」とあるのは「指定部分に係る工事」と，「工事目的物」とあるのは「指定部分に係る工事目的物」と，同条第５項及び第33条中「請負代金」とあるのは「部分引渡しに係る請負代金」と読み替えて，これらの規定を準用する。
2　（略）

●全体の工事の完成前に，引渡しを受ける部分を設計図書に指定した場合の規定である。指定部分の引渡し時期が設計図書に明示された場合には，それまでに指定部分を完成させる義務が受注者に生じる。

【関連する条件明示項目】部分引渡しの指定部分，引渡し時期

（発注者の催告による解除権）
第47条　発注者は，受注者が次の各号のいずれかに該当するときは，相当の期間を定めてその履行の催告をし，その期間内に履行がないときは，この契約を解除することができる。ただし，その期間を経過した時における債務の不履行がこの契約及び取引上の社会通念に照らして軽微であるときは，この限りでない。
一～二　（略）
三　工期内に完成しないとき又は工期経過後相当の期間内に工事を完成する見込みがないと認められるとき。
四～六　（略）

（発注者の責めに帰すべき事由による場合の解除の制限）
第49条　第47条各号又は前条各号に定める場合が発注者の責めに帰すべき事由によるものであるときは，発注者は，前二条の規定による契約の解除をすることができない。

●第47条により，工期内に完成できない場合，又は，完成する見込みがない場合には，発注者は契約を解除することができる。
●ただし，第49条により，発注者の責めに帰すべき事由による場合，契約の解除ができない。

(受注者の催告によらない解除権)
第52条　受注者は，次の各号のいずれかに該当するときは，直ちにこの契約を解除することができる。
一　(略)
二　第20条の規定による工事の施工の中止期間が工期の十分の○（工期の十分の○が○月を超えるときは，○月）を超えたとき。ただし，中止が工事の一部のみの場合は，その一部を除いた他の部分の工事が完了した後○月を経過しても，なおその中止が解除されないとき。
三　(略)

(発注者の損害賠償請求等)
第55条　発注者は，受注者が次の各号のいずれかに該当するときは，これによって生じた損害の賠償を請求することができる。
一　工期内に工事を完成することができないとき。
二～四　(略)
2，3　(略)
4　第一項各号又は第二項各号に定める場合（前項の規定により第二項第二号に該当する場合とみなされる場合を除く。）がこの契約及び取引上の社会通念に照らして受注者の責めに帰することができない事由によるものであるときは，第一項及び第二項の規定は適用しない。
5，6　(略)

(受注者の損害賠償請求等)
第56条　受注者は，発注者が次の各号のいずれかに該当する場合はこれによって生じた損害の賠償を請求することができる。ただし，当該各号に定める場合がこの契約及び取引上の社会通念に照らして発注者の責めに帰することができない事由によるものであるときは，この限りでない。
一　第51条又は第52条の規定によりこの契約が解除されたとき。
二　前号に掲げる場合のほか，債務の本旨に従った履行をしないとき又は債務の履行が不能であるとき。
2　第33条第二項（第39条において準用する場合を含む。）の規定による請負代金の支払いが遅れた場合においては，受注者は，未受領金額につき，遅延日数に応じ，年○パーセントの割合で計算した額の遅延利息の支払いを発注者に請求することができる。

（注）　○の部分には，たとえば，政府契約の支払遅延防止等に関する法律第八条の規定により財務大臣が定める率を記入する。

- 第52条第１項第二号により，工事の中止が長時間解除されない場合に，受注者から契約を解除することができる。
- 第55条により，受注者の責めに帰すべき事由により工期内に完成できない場合に，発注者は受注者に損害の賠償を請求することができる。
- 第56条により，契約解除により損害があるときには，受注者は損害の賠償を請求することができる。

5-2 工期の変更と条件明示

❶　条件明示通知

当初の積算や工期設定，設計変更（及びそれに伴う工期の変更）を現場ごとの条件に適合した形で実施するためには，施工条件を設計図書によって明らかにしておくことが極めて重要である。国土交通省（当時，建設省）は，1985（昭和60）年１月に施工条件の明示項目，範囲について共通的な事項をとりまとめ，施工条件明示について参考通知し，1991（平成３）年１月には施工環境の変化や設計変更の経験を踏まえて補足追加し，新規制定版を通知した。

その後，施工環境の変化や設計変更の経験を踏まえて補足追加が行われ，2002（平成14）年に改定版の「条件明示について」が通知された。この通知の「３．明示項目及び明示事項（案）」において，明示項目及び各項目別の明示事項の案が示されている。この通知は多くの発注者で活用されており，特記仕様書等の充実に役立っている。適切な工期設定や変更，並びに工程管理のためには，本通知を参考に工期，期間，時間等についても適切に条件明示することが肝要である。

なお，日建連の条件明示に関する現場アンケート結果では，事例集や条件明示チェックリストの活用がされている発注者ほど，契約変更が円滑に行われ，工期の変更幅が少ない傾向が見られる（2019年度　公共工事の諸課題に関する意見交換会　意見を交換するテーマ　参考資料（2019年５月　一般社団法人日本建設業連合会）参照）。

●通知「条件明示について」における明示項目及び明示事項（案）

明示項目	明　示　事　項
1）工程関係	1．他の工事の開始又は完了の時期により，当該工事の施工時期，全体工事等に影響がある場合は，影響箇所及び他の工事の内容，開始または完了の時期 2．施工時期，施工期間及び施工方法が制限される場合は，制限される施工内容，施工時期，施工時間及び施工方法 3．当該工事の関係機関等との協議に未成立のものがある場合は，制約を受ける内容及びその協議内容，成立見込み時期 4．関係機関，自治体等との協議の結果，特定された条件が付された当該工事の工程に影響がある場合は，その項目及び影響範囲 5．余裕工期を設定して発注する工事については，工事の着手時期 6．工事着手前に地下埋設物及び埋蔵文化財等の事前調査を必要とする場合は，その項目及び調査期間。また，地下埋設物等の移設が予定されている場合は，その移設期間 7．設計工程上見込んでいる休日日数等作業不能日数
2）用地関係	1．工事用地等に未処理部分がある場合は，その場所，範囲及び処理の見込み時期 2．工事用地等の使用終了後における復旧内容 3．工事用仮設道路・資機材置き場用の借地をさせる場合，その場所，範囲，時期，期間，使用条件，復旧方法等 4．施工者に，消波ブロック，桁製作等の仮設ヤードとして官有地等及び発注者が借り上げた土地を使用させる場合は，その場所，範囲，時期，期間，使用条件，復旧方法等
3）公害関係	1．工事に伴う公害防止（騒音，振動，粉塵，排出ガス等）のため，施工方法，建設機械・設備，作業時間等を指定する必要がある場合はその内容 2．水替・流入防止施設が必要な場合は，その内容，期間 3．濁水，湧水等の処理で特別の対策を必要とする場合は，その内容（処理施設，処理条件等） 4．工事の施工に伴って発生する騒音，振動，地盤沈下，地下水の枯渇等，電波障害等に起因する事業損失が懸念される場合は，事前・事後調査の区分とその調査時期，未然に防止するために必要な調査方法，範囲等
4）安全対策関係	1．交通安全施設等を指定する場合は，その内容，期間 2．鉄道，ガス，電気，電話，水道等の施設と近接する工事での施工方法，作業時間等に制限がある場合は，その内容 3．落石，雪崩，土砂崩落等に対する防護施設が必要な場合は，その内容 4．交通誘導員，警戒船及び発破作業等の保全設備，保安要員の配置を指定する場合または発破作業等に制限がある場合は，その内容 5．有毒ガス及び酸素欠乏症等の対策として，換気設備等が必要な場合は，その内容
5）工事用道路関係	1．一般道路を搬入路として使用する場合 ⑴　工事用資機材等の搬入経路，使用期間，使用時間帯等に制限がある場合は，その経路，期間，時間帯等 ⑵　搬入路の使用中及び使用後の処置が必要である場合は，その処置内容 2．仮道路を設置する場合 ⑴　仮道路に関する安全施設等が必要である場合は，その内容，期間 ⑵　仮道路の工事終了後の処置（存置または撤去） ⑶　仮道路の維持補修が必要である場合は，その内容
6）仮設備関係	1．仮土留，仮橋，足場等の仮設物を他の工事に引き渡す場合及び引き継いで使用する場合は，その内容，期間，条件等 2．仮設備の構造及びその施工方法を指定する場合は，その構造及びその施工方法 3．仮設備の設計条件を指定する場合は，その内容
7）建設副産物関係	1．建設発生土が発生する場合は，残土の受入場所及び仮置き場所までの，距離，時間等の処分及び保管条件 2．建設副産物の現場内での再利用及び減量化が必要な場合は，その内容 3．建設副産物及び建設廃棄物が発生する場合は，その処理方法，処理場所等の処理条件。なお，再資源化処理施設または最終処分場を指定する場合は，その受入場所，距離，時間等の処分条件

8）工事支障物件関係	1．地上，地下等への占用物件の有無及び占用物件等で工事支障物が存在する場合は，支障物件名，管理者，位置，移設時期，工事方法，防護等 2．地上，地下等の占用物件工事と重複して施工する場合は，その工事内容及び期間等
9）薬液注入関係	1．薬剤注入を行う場合は，設計条件，工法区分，材料種類，施工範囲，削孔数量，削孔延長及び注入量，注入圧等 2．周辺環境への調査が必要な場合は，その内容
10）その他	1．工事用資機材の保管及び仮置きが必要である場合は，その保管及び仮置き場所，期間，保管方法等 2．工事現場発生品がある場合は，その品名，数量，現場内での再使用の有無，引き渡し場所等 3．支給材料及び貸与品がある場合は，その品名，数量，品質，規格又は性能，引き渡し場所，引き渡し期間等 4．関係機関・自治体等との近接協議に係る条件等その内容 5．架設工法を指定する場合は，その施工方法及び施工条件 6．工事用電力等を指定する場合は，その内容 7．新技術・新工法・特許工法を指定する場合は，その内容 8．部分使用を行う必要がある場合は，その箇所及び使用時期 9．給水の必要がある場合は，取水箇所・方法等

❷ 主な条件明示事項のポイントと事例

設計図書に明示した施工条件が実際と一致しない場合や条件が変更された場合には，約款第18条（条件変更等）などにより必要と認められるときは設計図書の変更が行われ，それに伴い工期が変更される場合もある。

ここでは，「条件明示通知」に示された明示事項のうち，主なものについて条件明示のポイントとその事例を紹介する。

1　他の工事の影響を受ける場合

他の工事の開始又は完了の時期により，当該工事の施工時期，全体工事等に影響がある場合は，他の工事の開始又は完了の時期を明示する。

［解説］施工計画の大きな要素である工程計画については，当該工事の先行工事や後続工事，及び隣接の他工事と関連し，それらの実施工程の制約をうけるため，十分調整を図る必要がある。

条件明示のポイント

ａ）先行する工事において他の工事に影響を及ぼす箇所がある場合は，部分的に工期を設定する（対象箇所及び当該箇所の完成期限）。

ｂ）後発の工事については，他の工事から影響を受ける箇所について，対象箇所及び施工の実施可能時期を明示する。

条件明示の事例
【道路の改良工事（先行）の路床工完了後，舗装工事（後発）の施工を開始できる場合】
(改良工事)
舗装工事の施工開始は，令和○年○月○日の予定（改良工事の路盤施工完了）であるため，あらかじめ工程に配慮しておくこと。
(舗装工事)
本工事の施工に当たっては，路床工は○○改良工事で施工中であり，完成引渡しは令和○年○月○日の予定である。

2 施工時期，施工時間及び施工方法が制限される場合

施工時期，施工時間及び施工方法が制限される場合は，制限される施工時期，施工時間及び施工方法を明示する。

［解説］施工時期，施工時間及び施工方法が制限される条件としては，大きく分けて自然的条件と社会的条件がある。

・自然的条件……地質，湧水等の状態，降雪，洪水等
・社会的条件……交通規制，騒音・振動規制，時間的制約等

これらの条件は，工事の規模・内容等によっては工期，請負金額に大きく影響するものであり発注者側において適切に施工条件を明示しなければならない。

また，受注者側も，現場説明時において，これらの明示事項について十分理解する必要があり，不明確な部分については，現地調査をして後日書面による質問等を行ってから応札する必要がある。

条件明示のポイント

a）当初発注の段階で施工時期，施工時間及び施工方法について，制限の内容が予測できる場合は，その内容について明示する。

条件明示の事例
【工事用搬入路とする一般道路が冬期間通行止めとなる場合】
本工事の工期のうち，令和○年○月○日から令和○年○月○日までの冬期の交通止めとなるため工事を一時中止する。
詳細な期日については，監督職員と協議，決定する。

ｂ）制限が生じることが予想されるが，具体的な内容が予測できない場合，その年によって制限の内容が変動する場合等においては，当初発注において制限がないことを前提とする旨明示する場合もある。この場合には，制限が生じた時には発注者と受注者が別途協議する旨をあわせて明示する。

条件明示の事例
【時間的制約条件が付される場合】
本工事施工に当たり，関係機関・自治体等から時間的制約条件を付された場合は，速やかに監督職員と協議するものとする。

ｃ）支給材料及び貸与品がある場合は，その品名，数量，品質，規格又は性能，引渡し場所，引渡し時期等を明示する。

条件明示の事例
【支給材料の明示例】
支給材料は，次表のとおりとする。

名称	規格	単位	数量	引渡し場所	引渡し時間	摘要

ｄ）施工途次における社会的影響，行政運営の必要性等から工期短縮の要請が生じる場合には，工期の短縮日数，請負代金額の変更について発注者と受注者が別途協議する旨を明示する。

条件明示の事例
【道路の供用開始時期の繰り上げによる工期短縮が予想される場合】
本工事の工期は，令和○年○月○日から令和○年○月○日とし，道路の供用開始は，令和○年○月○日とする。ただし，道路の供用開始時期の繰り上げが必要となる場合は，工期の短縮日数，請負代金額の変更を発注者と受注者が別途協議決定する。

３　関係機関との協議が未成立の場合

当該工事の関係機関等との協議に未成立のものがある場合は，その協議の成立見込み時期を明示する。

［解説］工事施工現場では，他の法令による規制から関係機関と協議して工事に着手しなければならない場合がほとんどである。

自然環境保全に関するもの，国有林に係わるもの，天然記念物に係わるもの，埋蔵文化財に係わるもの等，それ以外にも他の工作物の管理者から許可を得て設置しなければならないもの，合併施工により費用の負担，施工区分等を決定しなければならないもの等，多種多様である。

本来，工事計画段階でこの種の協議は開始されており，工事の発注段階では完了していることが原則である。しかし，一連区間の中で部分的に協議が長期にわたっている場合，あるいは関連する協議機関が２つ以上にわたるなど，直接的にその権限が及ばず協議相手が他の機関に協議中で未成立の場合等，部分的に工事に着手できないケースがある。このような場合は，工程に支障を及ぼすおそれがあり，また，全体工期にも影響を及ぼすこととなるため，協議成立の見込み時期を発注段階で明示するものである。

条件明示のポイント

ａ）協議成立時期が具体的に見込まれる場合は，協議を並行して進めていることを記載するとともに成立見込み時期を明示する。

条件明示の事例

【鉄道管理者と協議中であり協議成立見込み時期を明示する場合】

JR ○○線と近接する○○工（仮設工法，土留工法，防護工法，作業時間帯）は，鉄道管理者と協議中であり，令和○年○月○日頃に成立する予定である。

ｂ）協議の結果，工程等について何らかの制約を受けることが予想される場合は，その内容についてもあらかじめ明示する。

ｃ）特に，協議により試験施工が必要となり，その実施時期または試験施工の結果，工程に大きな影響を受ける可能性がある場合は，別途協議する旨あわせて記載する。

条件明示の事例

【河川管理者と協議中である場合】

本工事の工法及び工期の一部について現在，河川管理者と協議中であり，協議の調整状況によって協議の対象とする。

4　他官庁等との協議の影響を受ける場合

他官庁等との協議の結果，特定された条件が付された当該工事の工程に影響がある場合は，当該条件を明示する。

［解説］工事を施工する際，他の工作物の管理者が管理している工作物や，水面を利用している漁業関係者等に直接，間接に，また一時的に支障を与えるおそれがある場合等，他の工作物の管理者等に対し，同意を求め許可を得る必要がある。

その際，他の工作物の管理者等から付された条件により，工期内に一時中断の時期を設定し，または部分的に施工工種の完了時期を指定する必要のある場合に明示するものとする。

この対象例として，国有林，自然公園等の自然環境保護に関する指定がなされている地域で行う工事においては，必要な手続きを経てから施工する必要がある。また，埋蔵文化財の指定がなされている地域で行う工事において，発掘調査の終了後に施工することとなる場合及び立木伐採を必要とする工事において，営林署より伐採時期について条件を付される場合等である。

条件明示のポイント

ａ）施工時期について付された条件を具体的に明示する。

条件明示の事例

【工事の着工時期，原形復旧の着手年月日を指定する場合】

本工事の施工で河川区域にかかる部分についての着手は令和○年○月○日以降とし，令和○年○月○日までに原形復旧するものとする。ただし，堤防開削の着手は令和○年○月○日以降とする。

ｂ）他官庁とのトラブルを避け，円滑な工事の実施を図るため，不測の事態等により条件を満たしえない可能性が生じた場合には，監督職員への報告，対策についての協議を行う旨を記載する。

条件明示の事例

【時間的制約条件が付される可能性がある場合】

本工事の施工に当たり，関係機関・自治体等から時間的制約条件を付された場合は，速やかに監督職員と協議するものとする。

5 地下埋設物等の影響を受ける場合

工事着手前に地下埋設物等の事前調査を必要とする場合は，その調査期間，また，地下埋設物等の移設が予定されている場合は，その移設期間を明示する。

［解説］工事区域に地下埋設物等がある場合には，事前に各管理者と協議を行い，いつまでに誰が撤去するのか，あるいは，そのまま存置する場合は，どのような方法で防護するのか等を明らかにする必要がある。これは，工事実施時の工程管理上や安全管理上からも重要な前提条件である。特に，その占用施設の移設，撤去等が必要となる場合は，工期及び費用に大きな影響を及ぼすこととなる。

条件明示のポイント

期間等について具体的に明示し，埋設物管理者の都合等により，それが変更になった場合，設計変更協議の対象となる。

条件明示の事例

【地下埋設物管理者と調整をとる旨の明示例】

工事施工に際しては，予想される地下埋設物の管理者等と現場立会いのうえ，当該物件の位置，深さを確認し，保安対策について十分打ち合わせをし，事故の発生を防止すること。

保安対策の打ち合わせを行ったときは「立会打ち合わせ調書」に立会い者等の押印を求め，当該調書の写しを監督職員に提出するものとする。

なお，調査期間及び移設期間が必要な場合は別途発注者と受注者が協議する。

条件明示の事例

【多数の企業者の占用物件がある場合の明示例】

本工事区間内の支障物件は下表のとおりである。請負者は各企業と連絡を十分行うこと。また，移設時期等を延期するような場合は設計変更の対象とする。

支障物件	管理者	位置	企業者との協議	移設時期	工事方法	立会
電柱	○○電力	No. ○○ No. ○○	済	○月○○日	移設	不要

下水管	○○市役所	No. ○○ No. ○○	済	○月○○日	防護	要
電々 ケーブル	NTT	No. ○○ No. ○○	済		同時期施工	
水道管	○○市役所	横断 No. ○○	済	○月○○日	撤去 工事先行	
ガス管	○○ガス	No. ○○ No. ○○	済	○月○○日	支障移動前	要

6　不稼動日等の明示

設計工程上見込んでいる不稼動日等を明示する。

［解説］工期を適正に設定することは，適正な積算と同様に，工事を円滑に進めるためには不可欠の条件である。また，工期は工事に要する費用を大きく左右する要因にもなる。また，工期を適正に設定するためには工事の内容，現場の施工条件等に応じた施工に必要な実日数を算定するとともに，準備，後片付けに要する期間，休日日数等の不稼動日数を加えることが必要である。したがって，同種の内容・同規模の工事であっても施工条件，施工時期等によって必要な工期が異なってくることに注意する必要がある。

特に，休日日数としては，日曜，祝祭日だけではなく，労働時間短縮に配慮し土曜日，夏期休暇及び年末・年始の休暇等を見込むことが適切である。

条件明示のポイント

不稼動日等の日数を明示する。

条件明示の事例

【不稼動日等の日数の明示例】

工期は，施工に必要な実日数（実働日数）以外に以下の事項見込み，契約の翌日から○○日間とする。

①　準備期間	○○日
②　後片付け期間	○○日

③　雨休率（実働工期日数に休日等と悪天候により作業が出来ない日数を見込むための係数　実働日数×係数） （　）の数値は，土日，祝日，年末年始休暇及び夏期休暇の日数	○．○ （○○日）
④　地元調整等による工事不可期間 平成○年○月○日から平成○年○月○日	○○日

7　工事用地等に未処理部分がある場合

工事用地等に未処理部分がある場合には，処理の見込み時期を明示する。

［解説］通常，工事用地等はすべて発注前に確保されていることが望ましいが，工事によっては工事用地等のすべてが，工事の始期に必要であるわけではない。当初，用地の一部が確保され，その後，工程の進行にあわせて順次用地が確保されていけば問題がないというケースもありうる。

そのような場合は，工事の進捗を十分考慮したうえで用地の処理の見込み時期を設定し，明示しておくことが必要である。

条件明示のポイント

a）用地取得が終了していない場合は，その範囲を明示するとともに，確保の見込み時期を明示する。

b）期日までに用地が取得されない場合においても，他の工事の進捗に支障が生じないよう，受注者があらかじめ工程上の配慮をしておく必要がある旨記載する。

条件明示の事例

【用地取得の未処理部分と処理予定時期の明示例】

本工事カ所のうち○○から○○の間に一部用地の未処理部分があり，令和○年○月○日までに処理する予定である。

なお，期日までに処理できず，工事内容に変更を伴う場合は，別途指示する。

8　工法変更等がある場合

工法等の変更にともない工期が変わることがある。この工法変更等を円滑に進めるためには，前提となる施工条件を明示する必要がある。

［解説］特に基礎構造物等の施工に重大な影響を及ぼす土質は，事前調査の結果と必ずしも一致しないことがある。当初の計画と異なる事象が出現し，計画変更を余義なくされた場合，その結果として工期変更をともなうことがある。したがって，必ず適切な条件の明示が必要となる。

条件明示のポイント

ａ）地中の土質は，限られたポイントのボーリング結果に頼ることが多く，不確定要素を少なからず含んでいる。

条件明示の事例
【土質条件等の相違により工法変更が生じる場合】
本工事の施工に当たり，現地の状況，地質，湧水，その他の障害のため，指定の工法では所期の目的を達することが出来ない箇所については，その対策及び工法等について，監督職員と協議のうえ，その指示によるものとし，設計変更の対象とする。

ｂ）工事中における周辺地域の社会的な利便性，公益性に及ぼす影響は，特に市街地域ほど大きい。また，その結果として工事施工に対する制約条件は厳しくなる。

条件明示の事例
【周辺地域に与える影響により工法変更が生じる場合】
工事中における民生安定上，または地元関係官署との協議の結果，新たな作業及び構造の変更が生じた場合は，必要に応じ監督職員と協議のうえ，その指示によるものとし，設計変更の対象とする。

ｃ）事前調査された土質条件等を明示し，現場条件と異なる場合には，必要に応じて数量変更協議の対象とする旨を記載する。

条件明示の事例
【土質条件の相違により数量変更が生じる場合】
本工事の施工に当たり，明示した土質条件と現場条件が異なる場合には，必要に応じて監督職員と協議のうえ，その指示によるものとし，数量変更の対象とする。

5-3 工期変更の事例

1 他の工事の開始または完了の時期により，当該工事の施工時期，工期等に影響があった場合

[事例１－１］工事の一時中止及び工期の延期（１）

本件工事に先行する工事があり，着手時期を条件明示し，本件工事を発注したところ，先行する工事が総合病院の入り口部分に関わる工事が含まれていた。この総合病院側から，病院関係車両の出入口確保，施工時間帯等，工事の施工方法について，種々の制約条件が付され，これの調整に日時を要したため，先行工事の完成が遅れた。このため本件工事の着手が出来ず，工事の一時中止により工期が延期された。

［概要］先行工事が，本件工事発注段階において第三者（総合病院）との調整不十分であったため，本件工事にまで影響を受けた。
［約款の適用条項］第２条（関連工事の調整），第20条（工事の中止）
［条件明示事項］先行工事に影響を受ける本件工事の着手時期

[事例１－２］工事の一時中止及び工期の延期（２）

本件工事に先行する橋梁下部工工事があり，これの完成時期を見込み，本件工事である，鋼橋の架設工事として発注したものである。先行工事が，関係機関との事前協議に時間を要したため完成が遅れ，本件工事の着手が出来なくなった。このため，工事を一時中止させ，先行工事の完成を待って，工事の再開協議をし，本件工事に着手したもので，この中止期間を工期延期した。

［概要］先行工事の完成を見込み本件工事を発注したが，先行工事の関係機関との事前協議に時間を要し完成が遅れ，本件工事の着手が出来なくなった。（事前協議の不十分）
［約款の適用条項］第２条（関連工事の調整），第20条（工事の中止）
［条件明示事項］本件工事の着手時期に影響する先行工事の完成時期

［事例１－３］工事の一時中止及び工期の延期（３）
　先行する工事の道路改良工事の完成を待って，本件工事の舗装工事に着手するよう着手時期を条件明示し発注したところ，先行工事の振動，騒音等から施工時間について，地元から制約条件がでたため，条件明示した時期までに完成することが出来なかった。このため，本件工事について，工事の一時中止をし，着手可能日までの期間を工期延期した。

［概要］先行工事の振動・騒音により地元から制約条件がでたため，施工日数が大幅に延長され，本件工事の着手が不可能となった。
［約款の適用条項］第２条（関連工事の調整），第20条（工事の中止）
［条件明示事項］先行工事に影響を受ける本件工事の着手時期

②　当該工事の施工時期，施工時間及び施工方法等が制限された場合

［事例２－１］工事の一時中止及び工期の延期（４）
　本件工事を通年施工で予定し発注したところ，何年振りかの大雪となり施工の継続が困難となった。このため，施工を一時中止し雪解けを待って再開したが，この中止期間を工期延期した。

［概要］　通年施工で発注したが，何年ぶりかの大雪のため除雪費の増加，施工能率ダウンを考慮して，雪解けまで工事を一時中止した。
［約款の適用条項］第20条（工事の中止）
［条件明示事項］施工不能日数。このような事態が予想されるときの条件明示。

［事例２－２］工事の一時中止及び工期の延期（５）
　本件工事は泥水推進工法で，先行している推進工事完了後同機械を転用することが条件明示されていたが，先行工事が大幅に遅れ推進機の引き取りが本件工事の着工時期に間に合わなくなってしまった。このため，工事を一時中止させ，先行工事の完成を待って，工事の再開協議をし，本件工事に着手したもので，この中止期間を工事延期した。

［概要］先行工事が大幅に遅れたため，先行工事からの機械転用が本件工事の着手に間に合わなくなった。

[約款の適用条項] 第15条（支給材料及び貸与品），第20条（工事の中止）
[条件明示事項] 支給材料及び貸与品の引渡時期

[事例２－３] 条件変更等による工期の延期（１）
道路拡幅工事を発注したところ，当該道路が通学路となっており，この時間帯を避けて施工するよう地元，警察等との協議が整った。このため，施工日数の大幅な延長が必要となり，当初予定した工期内の完成が出来ず工期の延期を行った。

[概要] 地元，警察等との協議の結果，工事発注時点の条件より施工時間が短くなり，施工日数の大幅延長が必要となった。(関係機関との事前協議の不十分)
[約款の適用条項] 第18条（条件変更等）
[条件明示事項] 制限される施工時間。このような事態が予想される場合の条件明示。

[事例２－４] 発注者の請求による工期の短縮（１）
道路の供用開始予定時期を条件明示し，橋台背面の盛土工事を盛土による沈下，側方流動を防止するためにEPS工法（発泡スチロールブロック）で施工することで工事発注した。施工に入ってから，道路の供用開始を条件明示した時期より繰り上げる必要が生じたため，発注者と工期の短縮日数，請負代金額の変更等について協議し，工期の短縮を行った。

[概要] 条件明示した道路供用開始時期の繰り上げによる工期短縮。
[約款の適用条項] 第21条（著しく短い工期の禁止），第23条（発注者の請求による工期の短縮等）
[条件明示事項] 道路供用開始予定時期。予定変更の可能性がある場合には，発注者と受注者が別途協議する旨の条件明示。

[事例２－５] 工事の一時中止及び工期の延期と短縮
当初設計時点の現場条件に違いがあったため工事を一時中止し対策を検討した結果，○○工を追加したが，供用日が決まっており，中止期間と追加工種分の工期として必要とされる工期の延長ができず，○ヵ月工期短縮する施工方法

を計画し，実施することになった。受発注者間で○ヵ月工期短縮する方策について確認し，合意した内容に基づき，必要な費用を追加した。

［概要］設計図書と実際の現場条件に違いがあったため工事の一時中止と追加工事が発生したが，供用日が決まっていたため通常必要とされる工期に満たない工期に変更した。
［約款の適用条項］第18条（条件変更等），第20条（工事の中止），第21条（著しく短い工期の禁止），第23条（発注者の請求による工期の短縮等）
［条件明示事項］自然的・人為的施工条件。道路供用開始予定時期。

3　関係機関等との協議が不十分または未成立があった場合

［事例３－１］工事の一時中止及び工期の延期（６）
　本件工事の橋台部分の工事に当たって，堤防を一部開削することから，施工中の仮堤防の工法について，河川管理者と協議していたが，協議の成立が遅れたため，当初予定した時期の着手が不可能となった。このため，工事を一時中止し工期を延期した。

［概要］関係機関（河川管理者）との協議成立が遅れたことにより，本件工事の着手が不可能となった。
［約款の適用条項］第20条（工事の中止）
［条件明示事項］関係機関との協議内容，成立見込み時期。

4　降雨等の雨休日数の増減により当該工事の工程に影響があった場合

［事例４－１］受注者の請求による工期の延期（１）
　雨休日等の不稼働日の日数を条件明示し，工事契約をしたところ，降雨日数が例年より多くなったため，不稼働日数が条件明示より多くなった。このため，工期内の工事完成が不可能となったため，条件明示を越える不稼働日数及び降水後の現場保護，最適含水比の調整日数，河川増水のための工事不可日数等を加えた日数を限度とし工期を延期した。

［概要］不稼動日数を条件明示したが，降雨日数が例年より多くなり，工期内の工事完成が不可能となった。

[約款の適用条項] 第22条（受注者の請求による工期の延長）
[条件明示事項] 雨休日等の不稼動日数

[事例4－2] 受注者の請求による工期の延期（2）
雨休日等の不稼働日数を条件明示して工事を契約し工事を進めたが，降水（降雨・降雪）日等は条件明示した日数より少なかったものの，工期末に降水が集中したため工期内の工事完成が不可能となった。このため，降水等の影響を受けた期間を工期延期した。

[概要] 条件明示した不稼働日数に問題はなかったが，工期末の予想外の集中豪雨により工期内の工事完成が不可能となった。
[約款の適用条項] 第22条（受注者の請求による工期の延長）
[条件明示事項] 雨休日等の不稼働日数の条件明示。

5 工事用地，工作物等が未処理等のため当該工事の工程に影響があった場合

[事例5－1] 工事の一時中止及び工期の延期（7）
現道の拡幅工事において，用地の未買収区間があり，未買収の区間及び買収予定時期を条件明示し工事を発注した。工事用地を確保すべく地主と用地交渉を進めてきたが，条件明示をした時期までに用地が確保出来なくなった。このため，工事を一時中止し工期を延期した。

[概要] 用地確保が予定時期より遅れたため，工事着工が不可能となった。
[約款の適用条項] 第16条（工事用地の確保等），第20条（工事の中止）
[条件明示事項] 用地の未買収区間と買収予定時期。

[事例5－2] 工事の一時中止及び工期の延期（8）
バイパス道路の開通に合わせ，開通予定日までに家屋移転が不可能と判断し，道路線形を変更し工事を発注した。その後，地主との用地交渉が順調に進み，工期内に家屋移転が完了することとなった。このため，再度，当初計画の道路線形に設計変更するとともに，この部分の施工にかかる工事について，家屋移転が完了するまで，工事の一部一時中止を行い，工期を延期した。

[概要] 未買収の家屋を避ける道路線形に変更し工事発注したが，意外に早く用地交渉がまとまり，当初の計画線形に戻した。家屋移転部分については工事を一時中止した。
[約款の適用条項] 第19条（設計図書の変更），第20条（工事の中止）
[条件明示事項] 道路開通予定日。用地交渉成立見込みの時期。用地確保後，計画線形に再施工する旨の明示。

[事例５－３] 工事の一時中止及び工期の延期（9）
　本件工事区間に，農作物の収穫が終わってから土地を明け渡すとの条件で買収した土地があったので，着手時期を条件明示し工事発注したが，通年に比べて天候不良で，収穫が遅れたため，当初予定した時期に着手が不可能となった。このため，収穫が終わるまで一時中止し工期を延期した。

[概要] 農作物の収穫後に買収する土地が，収穫が遅れたため工事の着手が不可能となった。
[約款の適用条項] 第16条（工事用地の確保等），第20条（工事の中止）
[条件明示事項] 買収区間と買収予定時期，工事着手時期。

6　工事に伴う公害防止と施工方法，作業時間等の制限のため当該工事の工程に影響があった場合

[事例６－１] 工事の一時中止及び工期の延期（10）
　護岸工事の漏水対策工事として，鋼矢板をバイブロハンマで施工することで工事発注した。施工に入り，堤内側住民より振動があり病人が眠れないとの苦情があったため，工事を一時中止し，工法等を検討し，無振動工法に変更した。
　このため，工法の検討時間，機械の手配・搬入期間等を見込んだ期間を中止期間として工期を延期した。

[概要] 住民から振動に対する苦情がでたため，無振動工法に変更し，変更準備期間を工事中止とし，工期延期した。
[約款の適用条項] 第18条（条件変更等），第20条（工事の中止）
[条件明示事項] 工法（使用機種）の指定

7 占用物件等の工事支障物件により当該工事の工程に影響があった場合

［事例７－１］工事の一時中止及び工期の延期（11）

工事区域内に護岸の施工に支障となる桜の木があり，その移植を暖かい時期に行う工程で工事が発注された。移植に当たり再度，移植時期について調査したところ，移植時期は寒い時期が最適で，移植を暖かい時期にすると枯れる公算が高いことが判明した。このため，移植に適した寒い時期まで待つことにした。

このため，桜の木の周辺の護岸が施工出来なくなったため，移植可能な時期まで，工事を一部一時中止し，移植工事が完了するまで工期を延期した。

［概要］工事の支障となる桜の木の移植時期が延びたことにより，工事の一部を一時中止とし，工期延期した。
［約款の適用条項］第20条（工事の中止）
［条件明示事項］支障物（桜の木）の移植時期

［事例７－２］工事の一時中止及び工期の延期（12）

道路拡幅工事において，工事の実施に支障となる占用物件があったため，本件工事に移設完了時期を条件明示し工事発注したところ，占用物件の移設時期の遅れから，工事を一時中止し工期を延期した。

［概要］占用物件の移設時期の遅延から，工事着工が不可能となった。
［約款の適用条項］第20条（工事の中止）
［条件明示事項］支障となる占用物件の移設完了時期

［事例７－３］工事の一時中止及び工期の延期（13）

本件工事区域内に，地下埋設物があると予想されたので，埋設物の調査をするよう，条件明示をして工事の発注をした。予想どおりガス管，水道管等の埋設物が発見されたので，この移設時期について，当該工事を一時中止し，工期を延期した。

［概要］工事着手前の地下埋設物調査により，埋設物が発見されたため，工事前の移設が必要となった。

［約款の適用条項］第20条（工事の中止）
［条件明示事項］（地下埋設物の位置，形状等が不明の場合）工事着手前に地下埋設物調査を行うことの条件明示。

8　残土・産業廃棄物等の処理により当該工事の工程に影響があった場合

［事例８－１］条件変更等による工期の延期（２）
　本件工事から発生する掘削土の捨場を条件明示したが，この場所が捨土不可能となったため，他の場所に捨土することとなった。しかし，変更の捨土場所までの道路幅員が狭く，大型車の通行が不可能で，小型車の通行が条件となった。このため，搬出期間が長期となり，工期内の完成が出来なくなったので，工期を延期した。

［概要］掘削土の捨場変更に伴う運搬車両規模の制約により搬出期間が長くなり，工期内の完成が不可能となった。
［約款の適用条項］第18条（条件変更等）
［条件明示事項］掘削土の捨場。

［事例８－２］工事の一時中止及び工期の延期（14）
　他の工事から，本件工事の盛土材として搬入されるとの条件明示で発注されたが，他の工事の工程が遅れたため，本件工事の盛土施工が出来なくなった。このため，工事を一時中止し工期を延期した。

［概要］他の工事が遅れたため，搬入される予定の盛土材使用による本件工事が不可能となった。
［約款の適用条項］第20条（工事の中止）
［条件明示事項］他の工事から盛土材が搬入される旨の条件明示。盛土材搬入時期。

9　工事用道路，仮設備関係により当該工事の工程に影響があった場合

［事例９－１］工事の一時中止及び工期の延期（15）
　工事区域の隣接住民が利用している生活道路を工事進入路として利用する施

工計画で護岸工事が発注された。
　工事施工前に地元住民に工事説明を行ったところ，生活道路を工事進入路として利用することに了解が得られなかった。そのため，対岸を進入路として利用することにし，対岸から施工するための，河川を横断する仮設橋梁を施工することに変更した。
　仮設橋梁の設置期間を考慮すると，出水期にまたがって仮設橋梁が存置されることが判明したため，洪水時の影響を考慮し，非出水期まで工事の施工を見送ることとした。このため，工事の一時中止を行い，出水期後に工事を再開することとした。この措置のため工期を延期した。

［概要］生活道路を工事進入路として利用できず，進入路を変更したが，それに伴う仮設橋梁の施工が出水期にまたがるため，洪水の疎通に支障がある時期を避けて施工することとした。
［約款の適用条項］第20条（工事の中止）
［条件明示事項］工事進入路の指定。このような事態が予想される場合の条件明示。

⑩ その他，工事現場の状況変化等の条件の変更により，当該工事の工程に影響があった場合

［事例10－1］条件変更等による工期の延期（3）
　橋梁の下部工工事として，既往の地質データに基づき「鋼管杭の施工は，中掘工法（セメントミルク噴出撹拌方式）を予定しているが，施工に先立ち同工法の施工について監督職員と協議すること。」と条件明示し工事を発注した。施工に当たって，大きさ，量とも地質データを上回る玉石が確認されたため，中掘プレボーリングの掘削時間が大幅に増加したため，工期を延期した。

［概要］既往の地質データと現場条件の相違（大きさ，量とも地質データを上回る玉石）による掘削時間の大幅増加により，工事の工期内完成が不可能となった。
［約款の適用条項］第18条（条件変更等）
［条件明示事項］当初設計で想定している工法。地質条件の変更が予想される場合の条件明示。

［事例10－２］受注者の請求による工期の延期（３）

本件工事の上流区域において，例年に比べ降雨が頻繁にあったため，工事区間の水位が下がらなかった。このため，水位が下がるのを待って，仮締切工の施工をしたため，基礎工，護岸工等の完成が計画工程より遅れることとなり，工期内の完成が図られなかった。そのため，受注者は対象水位と本件工事に係わる水位の変動の比較表等を添付し，工期延期が必要であるとの資料を作成し，工期の延期を請求し，延長が認められた。

［概要］例年より降雨日数が多いため，工事区間の水位が低下せず，工事の工期内完成が不可能となった。

［約款の適用条項］第22条（受注者の請求による工期の延長）

［条件明示事項］工事を実施する期間の対象水位の図面等による条件明示。

［事例10－３］条件変更等による工事の一時中止及び工期の延期

既往の地質データに基づき条件明示し地中連続壁工事を発注した。工事着手前に調査したところ，軟弱層が厚く地下水の伏流が確認され，本件工事の孔壁の安定が困難であることが判明した。そのため，工事を一時中止し検討した結果，設計変更を行い，薬液注入工事を施工することとした。

このため，この中止期間を考慮した工期延期を行った。

［概要］既往の地質データと現場条件の相違（軟弱層の厚さ，地下水伏流）により，数量変更して薬液注入工事を追加したため工期延期となった。

［約款の適用条項］第18条（条件変更等），第20条（工事の中止）

［条件明示事項］地質条件。地質条件の変更が予想される場合には，その結果により設計変更，工期変更することの条件明示。

⑪　施工過程において設計図書との不適合が生じ，当該工事の工程に影響があった場合

［事例11－１］改造義務，破壊検査等による工事の一時中止及び工期の延期

山岳トンネル工事をNATM工法で工事発注した。工事は，トンネル両坑口より同時掘削で開始したが，施工途次において，このまま掘削を続けると接合

部で掘削中心線の不適合が生じることが判明した。設計図書には問題がないことから，発注者の指示により設計図書に適合するよう改造工事を行うこととし，改造検討のため工事を一時中止し，この中止期間及び改造期間の工期を延期した。

[概要] 施工しているトンネル工事が，施工途次において設計図書と不適合であることが判明したため，改造工事が必要となり工期延期となった。
[約款の適用条項] 第17条（設計図書不適合の場合の改造義務及び破壊検査等），第20条（工事の中止）
[条件明示事項]（設計図書には問題がなかった事例）

（参考文献）
⑴ 建設業法研究会：改訂４版　公共工事標準請負契約約款の解説，（株）大成出版社，2012年４月
⑵ 国土交通省大臣官房技術調査課監修，芦田義則，小池剛，飛田忠一，松本直也，箕浦宏和：改訂版よくわかる公共土木工事の設計変更，（一財）建設物価調査会，2016年７月
⑶ 国土交通省大臣官房技術調査室監修，土木工事積算研究会：公共土木工事　工期設定の考え方と事例集，（財）建設物価調査会，1996年５月
⑷ 国土交通省：条件明示について，国官技第369号，2002年３月28日
⑸ 土木工事における工事請負契約における設計変更ガイドライン（総合版），国土交通省関東地方整備局，2018年３月
⑹ 施工条件明示研究会：新版　建設工事施工条件明示の実際〈土木・建築〉，（財）建設物価調査会，1992年５月

第6章 週休2日の実施にあたっての留意事項（工程共有事例）

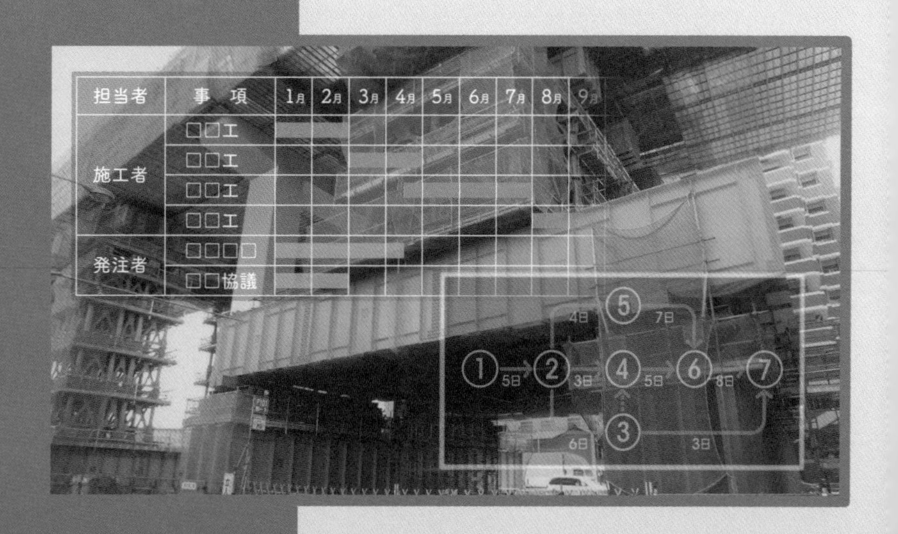

週休２日の確保に向け，工期を適正に設定したとしても受発注者双方が休日を確保するという意識を持たない限りは週休２日を実施することは難しい。

週休２日を実施した事例をもとに週休２日を達成するための留意点を示す。

6-1 矢板式の低水護岸及び高水敷の整備工事

❶ 発注者の取り組み

①工事実施のための詳細図等の作成及び交付

高水敷を整備するための盛土材料を採取する箇所（河川敷）が，管内８工事の共通の土取場であり，公道への接続として橋梁を通行する必要があった。ゆえに，土砂運搬車輌による交通渋滞が懸念され，円滑な工事の実施にあたっては，各工事の搬出時期の調整が必要であった。そこで，受注者からの協議を待つのではなく，発注者が自ら各工事の掘削エリア図の作成や搬出時期の調整を実施した。その結果，通常であれば生じる交通渋滞を回避することが出来た。

②ワンデーレスポンスの実施

ASP（情報共有システム）による受注者からの「承諾」，「協議」については現場技術員，監督員が決裁する前でも案件通知が一斉送信され，内容を閲覧できるため，主任監督員が閲覧した場合は，可否を判断して施工者に連絡した。その結果，ワンデーレスポンスの遵守につながるとともに，工期縮減にも有効であった。

③工程に影響の大きい工種への主任監督員の立会

工程に影響の大きい締切鋼矢板の打設について，河床地盤等から打設不能になることが想定されたため，当初打設から主任監督員が立会し，現場において打設不能等の判定を実施し，速やかに先行指示の決裁に着手した。

締切鋼矢板の打設は段階確認のように必須事項ではないが，工程のクリティカルパスになる工種への主任監督員の立会は工程管理上非常に効果的であった。

④現場での打ち合わせの実施

毎週実施していた週間工程会議の運用を柔軟に実施し，メールやASPを最大限活用した。また監督員との打ち合わせもできるだけ現場で実施することにより，現場状況の効率的な把握や会議時間の削減につながった。

❷ 受発注者共通の取り組み

①情報共有の効率化

受注者は発注者へ相談・報告等がある場合，現場技術員に連絡した後，監督員，主任監督員に順番に相談することが多い。そこで，メールやASPを積極的に活用し，3者同時に情報を共有するとともに，出張所等に出向き，対面で説明する事項を縮減した。結果，発注者側の情報共有の迅速化につながりワンデーレスポンスの遵守にもつながった。

6-2 土砂改良工事

工事で発生した土砂をストックヤードで受け入れ，盛土材として利用するため性状の違う複数の建設発生土を撹拌混合する工事。

❶ 発注者の取り組み

①関係機関との事前協議の実施

土砂運搬車の頻繁な通行により損傷が予想された公道（市道）について，工事契約後，速やかに損傷事前防止工事に着手できるよう，契約日の1週間以上前に発注者が道路管理者に対して道路法第24条許可申請を行った。

②関連工事の調整

本工事のストックヤードには5発注機関15工事の土砂運搬車両が出入りしていたため，土砂の搬入・搬出調整が重要である。日々の搬入・搬出管理については受注者が実施するが，月単位での搬入・搬出管理は不確定要素が多いため，主任監督員が発注機関と調整して月単位の搬入・搬出計画を作成した。その結果，全ての工事においてトラブル無くストックヤードの安定運用を確保出来た。

6-3 工程管理表の実例

工程管理表の実例を次ページに示す。

本工事では，特記仕様書に，工程調整を要する他工事が３件，工事進捗に支障を与える電柱・通信線や工業用水・上下水道などの占用物件が４ヵ所明示されていた。このため，施工中にタイムリーな工程管理をどのように行っていくかが，受発注者共通の課題となった。

そこで，クリティカルパスを把握できる受注者が作成した施工計画書のネットワーク型の全体工程表を活用して，発注者側の条件明示項目を追記した工事工程表を作成した。設計変更審査会の機会を活用して，工事工程上の懸案事項に関する情報共有を行い，施工上のクリティカルポイントを明確にすることで，事前に協議し即断即決することが出来た。

また，この協議結果を変更施工計画書に反映するとともに，工期延伸といった重要事項に係る契約変更手続きに反映した。

例えば，盛土工事においては，関連工事からの引渡しが遅延していたが，発注者から早目の情報提供を受け，双方の進捗に影響がないように部分的な引き渡しを行うとともに，これに伴う検査日程も調整した。

受発注者一体となった工程管理を行うことで，円滑に工事を進めることが出来た。

以上の結果からわかるとおり，週休２日の確保は単に工期を確保して発注しさえすれば成立するものではなく，発注者は自ら工程調整に汗を流し，受注者はこれまでの慣例等を見直し業務の効率化を図るなど，受発注者双方が意識を変えなければ達成することが容易ではない。

国土交通省では，2017年度より原則全ての工事において，クリティカルパスを受発注者で共有し，工程に影響する事項がある場合には，その事項の処理対応者を明確にすることとした。これは，単に受発注者で工事工程を共有するだけではなく，受発注者が共同で工程を管理することが重要であるため実施されるものである。

週休２日に必要な工期を設定して発注した上で，受発注者双方で工事をマネジメントすることが週休２日の確保，ひいては建設現場の生産性向上に必要不可欠な取組みである。

表　工程管理表の実例

工程管理	工事名		○○○○○○○			契約年月日	
	工事場所		自)○○○ 至)○○○○○			工期	
	工種・項目		搬出元(協議, 覚書締結者)	単位	数量	8月	9月
受注者	道路土工						
	路体盛土工						
	路体盛土(土砂受入)		計画土量(H26年10月24日時点)	m3	199,000		
			実績・見込み(H26年11月末)	m3	163,100		
	路体盛土(土砂運搬)		計画土量(H26年10月24日時点)	m3	101,600		10,000
			実績・見込み(H26年11月末)	m3	92,000		10,000
	路体盛土(購入土)		計画購入土量(H26年10月24日時点)	m3	28,800		
			実績・見込み(H26年11月末)	m3	58,800		
			月別計画土量(計画:H26年10月24日時点)	m3	329,400		10,000
			月別実績・見込み土量(H26年11月末)	m3	313,900		10,000
			累積土量(計画:H26年10月24日時点)	m3	329,400		10,000
			累積実績・見込み土量(H26年11月末)	m3	313,900		10,000
			不足分の対応(購入土の増工)	m3	-15,500		
			不足分の累計(購入土)	m3			
	路床盛土工						
	路床盛土(上部路床・購入土)			m3	7,400		
	路床盛土(下部路床・購入土)			m3	21,400		
	法面整形工			m2	45,420		
	植生工			m2	45,420		
	地盤改良工						
	ｻﾝﾄﾞﾏｯﾄ工			m3	2,990		
	敷網工						
	敷網(1)		100KN/m2　起点～No.112+81.5	m2	6,520		
	敷網(2)		200KN/m2　No.112+81.5～No.114+91.6	m2	8,430		
	固結工(1)		No.112+81.5～No.114-91.6				
	浅層混合処理(1)		改良厚1.0m	m3	2,710		
	浅層混合処理(2)		改良厚1.5m	m3	8,150		
	固結工(2)		7号管渠				
	中層混合処理(1)		改良厚6.5m	m3	3,530		
	中層混合処理(2)		改良厚8.6m	m3	1,840		
	擁壁工		補強土壁　7号管渠部	m2			
	石・ﾌﾞﾛｯｸ積工		ｺﾝｸﾘｰﾄﾌﾞﾛｯｸ	m2			
	排水構造物工						
	側溝工		(1)～(27)				
	管渠工		暗渠排水管　波状管φ400～φ600	m	319		
	ﾌﾟﾚｷｬｽﾄｶﾙﾊﾞｰﾄ工						
	ﾌﾟﾚｷｬｽﾄﾎﾞｯｸｽ			m	89		
	集水桝・ﾏﾝﾎｰﾙ工		(1)～(28)	ヶ所	80		
	排水工						
	縦排水		W300～W350	m	14		
	ｶﾙﾊﾞｰﾄ工						
	土工		床掘り・埋戻し				
	ﾌﾟﾚｷｬｽﾄｶﾙﾊﾞｰﾄ工		内幅12m　内高6.1m				
	基礎工			m	63		
	ﾌﾟﾚｷｬｽﾄﾎﾞｯｸｽ据付		門型	m	63		
	底版工		補強	m	63		
	土留壁・ｶﾊﾞｰｺﾝｸﾘｰﾄ工			m	63		
	防水工			m	63		
	舗装工						
	ｱｽﾌｧﾙﾄ舗装工						
	ｱｽﾌｧﾙﾄ舗装工		7号函渠(ﾎﾞｯｸｽ内)	式	1		
	調製池工　3号調整池			式	1		
	調製池工　4号調整池			式	1		
	仮設工						
	迂回路工			式	1		
	迂回路撤去工			式	1		
受・発注者	設計変更審査会						
発注者	他工事との工程調整		❶○○○　No.106+00～No.111+28				
			❷ ○○○○　No.121+65～No.126+70				
			❸○○○○○　No.127+70～No.130+60				
	関係機関協議(工事支障物件)		❹ ○○電力線　No.112付近				
			❺ 電柱・架線　No.111+88付近	○○電力			仮移設完了
			❺ 電柱・架線　No.113+00付近	○○電力		完了	
			❻ 支柱・通信線　No.111+88付近	NTT			
			❻ 支柱・通信線　No.113+00付近	NTT			
			❼ 工業用水　No.111+88付近	○○県企業局			
			❽ 上水道　No.111+88付近	○○県企業局			
			❾ 上水道　No.111+88付近	○○			
	支障物件の対応						

（出典：国土交通省提供）

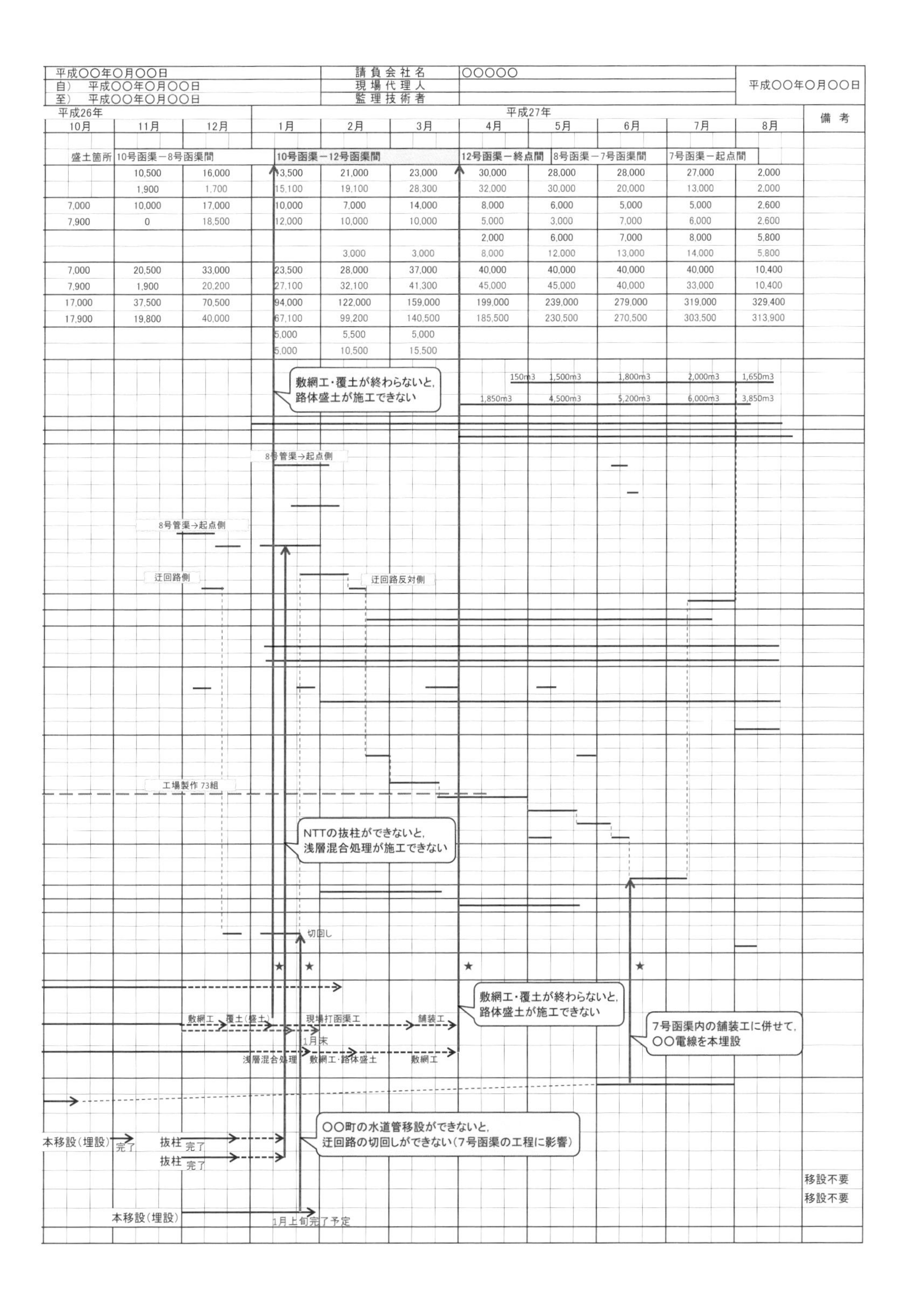

平成〇〇年〇月〇〇日	請負会社名	〇〇〇〇〇	
自） 平成〇〇年〇月〇〇日	現場代理人		平成〇〇年〇月〇〇日
至） 平成〇〇年〇月〇〇日	監理技術者		

平成26年 10月	11月	12月	平成27年 1月	2月	3月	4月	5月	6月	7月	8月	備考
盛土箇所	10号函渠－8号函渠間		10号函渠－12号函渠間			12号函渠－終点間	8号函渠－7号函渠間		7号函渠－起点間		
	10,500	16,000	13,500	21,000	23,000	30,000	28,000	28,000	27,000	2,000	
	1,900	1,700	15,100	19,100	28,300	32,000	30,000	20,000	13,000	2,000	
7,000	10,000	17,000	10,000	7,000	14,000	8,000	6,000	5,000	5,000	2,600	
7,900	0	18,500	12,000	10,000	10,000	5,000	3,000	7,000	6,000	2,600	
						2,000	6,000	7,000	8,000	5,800	
				3,000	3,000	8,000	12,000	13,000	14,000	5,800	
7,000	20,500	33,000	23,500	28,000	37,000	40,000	40,000	40,000	40,000	10,400	
7,900	1,900	20,200	27,100	32,100	41,300	45,000	45,000	40,000	33,000	10,400	
17,000	37,500	70,500	94,000	122,000	159,000	199,000	239,000	279,000	319,000	329,400	
17,900	19,800	40,000	67,100	99,200	140,500	185,500	230,500	270,500	303,500	313,900	
			5,000	5,500	5,000						
			5,000	10,500	15,500						

■本書の修正・更新事項のお知らせ

建設物価調査会公式ホームページの【刊行物修正・更新情報】をご参照ください。

◎メール配信サービス（刊行物の修正・更新情報のお知らせ）について

当会が発行する刊行物の修正・更新情報をお知らせするメール配信サービスをご登録していただいた方に実施しております。

メール配信をご希望の方は，「会社名」と「お名前」を明記していただき，以下のアドレス宛てに送信ください。

syusei@kensetu-bukka.or.jp

※登録情報は本メールサービスの配信目的にのみ利用させていただきます。
個人情報の取り扱いは，別途定める「個人情報保護方針」に従います。
詳細は建設物価調査会公式ホームページをご覧ください。

■本書の内容に関する質問について

「基準や歩掛の解釈」，「掲載以外の規格・歩掛」，「具体的な積算事例の相談」など，ご質問内容によってはお答えできない場合もあります。

■本書の内容に関する問合せ先

技術図書問合せセンター

TEL 03－3663－5521　　FAX 03－3639－4125

◇当会発行書籍の申込み先
図書販売サイト「建設物価Book Store（https://book.kensetu-navi.com/）」
または，お近くの書店もしくは【電話】0120-978-599まで。

改訂版 公共土木工事 工期設定の考え方

平成29年８月30日　初版
令和２年１月12日　改訂版

発　行　一般財団法人 建設物価調査会

〒 103-0011
東京都中央区日本橋大伝馬町11番８号
フジスタービル日本橋
電　話　03-3663-8763 （代）

印　刷　奥村印刷 株式会社

乱丁・落丁はお取り替えいたします。ⓒC.R.I 2019 Printed in Japan ISBN 978－4－7676－6203－9